KB250833

쓸모 있는 공부 03

세상에서 가장 쓸모 있는

권수진 글·그림

풀빛

치의학

알면 알수록 쏙 빠져드는 재미있는 치과 치료의 역사

세상에서 가장 재미있고 쓸모 있는 치의학 속으로

안녕? 책으로 만나게 된 여러분 모두 반가워요!

현재 저는 낮에는 치과의사로 일하고 밤에는 글을 쓰고 그림을 그리는 작가로 활동하고 있어요. 사람들은 '치과'라는 단어를 들으면 덜컥 겁부터 나나 봐요. 사실 치과의사가 아니었다면 저 역시 치과의 문턱을 높게만 느꼈을 것 같아요.

치아는 우리 몸에서 꽤 중요한 역할을 하고 있어요. 음식을 먹을 때도 사용하고, 발음할 때도 중요하게 작용하죠. 치아가 없는 모습을 떠올려 보면, 얼굴이나 입술의 형태도 달라지겠죠. 이렇게 심미적인 기능까지 있으니, 치아는 알고 보면 참 역할이 많은 친구예요.

　치아에 대한 관심은 아주 옛날부터 시작되었어요. 전 세계의 사람들이 하루 세 번 양치질을 하고, 치과에 가서 치료받는 기본적인 것들을 알게 되기까지 참 오랜 역사가 있었죠. 지금처럼 제대로 된 정보를 알기까지도 오랜 시간이 걸렸고요. 예전에는 충치를 치아에 벌레가 있어서 훈제 요리하듯 연기를 쐬어 털어 내면 치료된다고 믿기도 했어요. 실제로는 연기에서 나오는 가루가 입에서 떨어지는 거였는데 말이죠. 종교적 위 지배가 강했던 시기엔 신에게 낫게 해 달리 빌기도 했어요.

　지금은 치과의사가 되려면, 치과대학을 졸업해야 해요. 한국의 경우, 전국의 모든 치과대학 졸업생들이 나라에서 인정해 주는 면허를 받기 위해 국가 고시를 통과해야 하죠. 치과의사가 되기 위한 교육이 처음부터 이렇게 체계적이었던 것은 아니에요. 지금은 의학 드라마나 여러 매체에서 치과의사들이 가운을 입고 멋있게 나오지만, 과거에는 계급이 낮은 직업군에 속했고, 누구나 할 수도 있었어요. 특별히 정해진 규정이 없었기 때문에 이발소에서 머리카락을 다듬다가 치아를 뽑아 주기도 했거든요.

　치의학(dentistry)의 시작은 미약하고 변변치 않았지만 수많은 치과의사들의 노력과 헌신이 쌓여 학문으로 정립되었고, 지금의 치의학이 생겨난 거예요. 고대, 중세, 르네상스, 근현대에 이르기까지 그 역사 속에는 재미있는 이야기들이 있는데, 모르는 사람이 많은 것 같아 제가 이야기꾼이 되어 지금부터 들려주려고 해요.

세계의 역사와 함께 성장해 온 치의학의 이야기들 중에 청소년들이 특별히 관심을 가질 만한 사건들을 정리해 봤어요. 치의학이 어떤 학문인지 궁금하다면, 또는 치의학 쪽으로 진로를 생각하고 있다면 이 책이 도움이 될 거예요. 지금부터 세상에서 가장 쓸모 있는 치의학의 세계로 함께 들어가 볼까요?

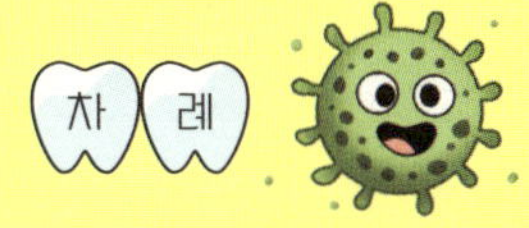

차 례

파피루스에 적힌 치과 치료 기록들

치과의사는 언제부터 존재했을까? 치아와 주변 구강 조직의 통증 치료에 대한 가장 오래전 기록이 존재하는 곳은 고대 이집트의 묘비와 파피루스야. 파피루스란 파피루스 풀 줄기의 섬유로 만든 옛 이집트의 종이를 말하는데, 고대의 문서들은 모두 이 종이에 쓰였어. 주로 상형 문자로 기록되었고, 문학, 철학, 종교 또는 지금은 의학이라고도 불리는 다양한 학문들이 내용으로 담겼지. 이집트의 카이로 근처 사카라 유적지에서 발견된 목판에는 '최초의 치과의사'로 알려진 헤시라(Hesyre)에 대한 기록이 있어. 그는 왕을 모시는 의사면서 치과의사기도 했지.

헤시라를 눈과 상아, 새와 화살로 묘사한 상형 문자를 해석하면, '눈'은 보살피는 사람을 의미하고 '상아'는 치아를 의미해. 그리고 '새'는 최고, '화살'은 의료인을 뜻해서 '치아를 치료하는 최고의 사람'이라는 뜻이지. 물론 현재 사용하는 문자가 아니기 때문에 전문가들마다 해석이 조금씩 다르지만, 이 외에도 치과 질환을 치료한 사람에 대한 기록이 무덤 곳곳에 존재해.

이처럼 이집트인들은 무덤에 기록을 남기고 시체를 미라로 보존했기 때문에 연구자들에겐 매우 좋은 자료야. 그래서 미라를 연구하기 위해 찍은 방사선 사진 자료가 여럿 전해지지. 그런데 람세스 2세, 아멘호테프 3세의 미라를 촬영한 방사선 영상을 보면 치아 마모, 치주 질환 등의 흔적은 있지만 치과 치료를 받은 증거는 발견되지 않아. 상당히 많은 수의 미라를 분석했지만 그 어떤 곳에서도 수복이나 보철* 등의 치과 치료에 대한 흔적은 찾을 수 없지.

고대 이집트의 의학 정보를 담고 있는 파피루스가 몇 개 전해지는데, 그중 기원전 16세기의 것으로 추정되는 에버스 파피루스에는 잇몸과 잇몸 뼈에 생기는 고름과 같은 치과 질환에 대한 내용이 묘사되어 있고, 실제로 발굴된 유골에서도 이러한 질환을 확인할 수 있어. 기원전 1550년경에 쓰여진 것으로 추정되는 이 파피루스는 이집트의 의학 지식이 담긴 가장 오래된 저술로 알려져 있지. 이 에버스 파피루스에는 사람을 치료하는 700개의 처방이 기록되어 있는데, 치아에는 파우더, 연고를 조제해서 사용했다고 적혀 있어.

또 다른 파피루스인 아나스타시 파피루스에는 치아의 통증을 일으키는 원인이 무엇인지 고민한 흔적이 남아 있는데, 치아 내부로 벌레가 파고들어 치통을 유발한다고 생각한 듯해. 그래서 치아 벌레를 없애기 위해 씨앗을 태워서 연기를 피워 훈증하는 방법으로 통증을 치료할 수 있다고 믿었고, 이 방법은 꽤 오랫동안 쓰여서 중세 후기까지도 사용되었어. 고대인들은 연기로 벌레를 죽일 수 있다고 생각했던 거지.

* 치아 수복은 충치나 외부의 충격으로 상실된 치아 구조의 기능, 상태를 회복시키기 위한 치료다. 보철은 남아 있는 자연 치아를 보호하기 위한 것으로, 치아의 손상(또는 상실) 정도에 따라 레진 같은 재료로 때우거나(인레이), 씌우거나(크라운), 걸어서 씌우는(브릿지) 보철 치료를 한다.

무덤은 연구자들에게 매우 좋은 자료!
고대 이집트인들은 화려한 걸 좋아하지.
아픈 치아가 낫게 기도를 드리자.
그 좋은 세공 기술을 치아 치료에도 좀 쓰지.

화려한 장식과 치장에 능했던 고대 이집트인을 떠올려 보면, 손재주가 좋아서 치아에도 멋있는 보석 장식을 하고 섬세하게 만든 보철물로 치료했을 것 같은데 의외로 그렇지 않았더라고. 여러 기록들을 되짚어 볼 때 약을 바르거나, 뜨겁게 달군 물질로 염증 부위를 지져 없애거나, 조직을 절제하는 등 단순 처치에 가까웠어. 특히 치아가 아픈 환자에게는 주술적인 주문, 약초 요법을 한 게 다였다고 해. 지금의 의학과 비교해 보면 화려한 문명 발달에 비해 너무 단순 치료라 의외이지 않아?

여러 층으로 되어 있는 치아

과일을 보면 겉의 껍질, 속살, 씨앗으로 구분되잖아. 치아에도 비슷하게 여러 층이 존재해. 가장 바깥층의 단단한 곳은 법랑질, 그 밑에는 상아질, 그리고 안쪽에는 치수라고 불리는 결합 조직이 있고, 이 안에 혈관과 신경이 포함되어 있어. 백악질은 치아의 뿌리 부분의 가장 바깥에 있지. 치아의 머리는 법랑질, 뿌리는 백악질이 가장 겉에 있다고 생각하면 돼.

기도한다고, 주문을 외운다고 치료가 되겠니?

고대 그리스인들은 병들고 아플 때 '의학의 신'인 아스클레피오스의 신전을 찾아 병을 낫게 해 달라고 기도했어. 아스클레피오스를 묘사한 그림이나 동상을 보면, 뱀이 감겨 있는 지팡이를 들고 있거든? 그리스 로마 신화를 보면 그와 관련된 재미있는 이야기가 있지.

어느 날 제우스의 번개에 맞아 죽은 글라우코스를 아스클레피오스가 치료하고 있는데, 그때 뱀 한 마리가 다가왔어. 깜짝 놀란 아스클레피오스는 자신의 지팡이를 휘둘러 뱀을 죽였지. 그러자 또 다른 뱀 한 마리가 약초를 물고 와서 죽은 뱀의 입 위에 올려놨더니 뱀이 다시 살아난 거야! 그것을 본 아스클레피오스가 뱀이 했던 것처럼 약초를 글라우코스의 입 위에 올려놓자 죽었던 글라우코스가 살아나. 그때부터 아스클레피오스는 뱀이 휘감긴 지팡이를 자신의 상징으로 삼았다고 해.

그리스에는 이처럼 의학과 관련해 전해지는 재미있는 신화와 이야기가 많지만, 같은 시기의 주변 나라들에 비해 치과 치료술은 뛰어난 편이 아니었어. 가령, 이탈리아에서는 지금의 토스카나 지역에 살았던 에트루리아인들이 만들었던 치과 보철물이 발견되는데, 꽤 기술이 뛰어난 편에 속하거든. 하지만 그리스는 종교가 사회 전반을 지배하고 있었기 때문에 비교적 의학의 발전이 느린 편이었지.

〈히포크라테스 선서〉*의 주인공이자, 의학의 아버지로 불리는 히포크라테스(Hippocrates)는 기원전 460년에 그리스의 코

---

* 의학 윤리를 담은 가장 대표적인 문서. 오늘날에는 '히포크라테스 선서'를 수정한 '제네바 선언'이 일반적으로 낭독되고 있다.

스섬에서 태어났어. 당시 코스섬에는 아스클레피오스를 숭배하는 유명한 신전이 있었는데, 히포크라테스는 이곳에서 행해지는 엉터리 치료와 주술, 미신에서 벗어나야 한다고 했지. 의학과 종교를 분리하는 첫 걸음을 시작한 거야. 다른 고대 그리스 의학이 미신과 주술, 종교 의식에 의존했던 것에 비해 히포크라테스는 '4체액설'을 주장하며 자연에 기반을 두고 약초 치료나 식이 요법을 썼어. 주문을 외우고 기도로 치료하는 것보다는 좀 더 합리적인 치료를 추구했지.

4 체액설로 바라본 치과 치료

히포크라테스가 주장한 4체액설은 인간을 구성하는 기본적인 액체인 혈액, 점액, 황담즙, 흑담즙이 인체를 이루는 기본 성분이고, 이 성분 간의 균형이 무너지면 병이 생긴다고 봤어. 즉, 체액의 불균형이 질병의 원인이라고 생각한 거지.

뿐만 아니라 혈액, 점액, 황담즙, 흑담즙 등 4개의 체액 각각이 4개의 원소인 뜨거움, 차가움, 건조함, 축축함이라는 특성을 가지며, 개인의 심리적 기질인 낙천적, 냉정함, 우울함, 화내는 기질로 연결된다고 주장했어. 히포크라테스는 이 이론에 따라 사람마다 우세한 기질이 각각 다르다고 생각해서

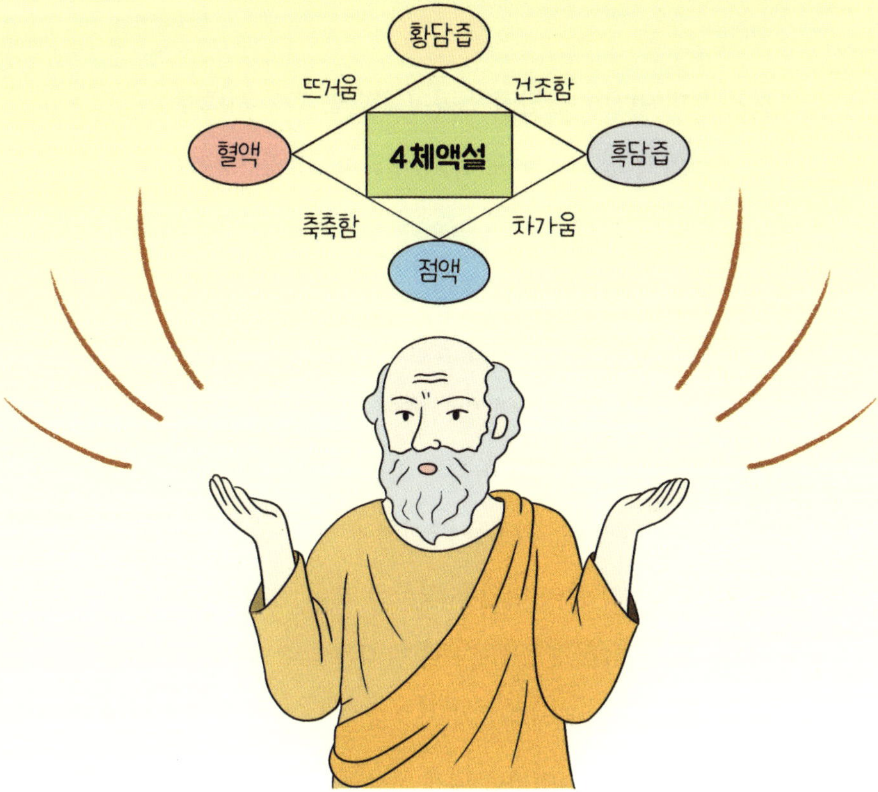

의학의 아버지 히포크라테스

환자가 오면 어떤 기질인지를 먼저 판단한 후에 치료했지.

히포크라테스와 그의 제자, 여러 의학도들은 이 이론을 바탕으로 《히포크라테스 전집(Corpus Hippocraticus)》을 저술했는데, 여기에는 구강 질환에 대한 여러 기록들도 존재해. 예를 들면, 치아가 뼈에 단단히 고정되어 있을 때 발치(치아를 뽑는 것)는 위험하고, 흔들리는 경우에만 발치해야 한다고 되어 있지. 그리고 발치할 때 치아 뿌리와 머리가 파절(충격이나 힘에 의해 이에 금이 가거나 깨진 상태)되는 위험을 줄이기 위해 썩은 치아 부분에는 재료를 넣어서 치아 머리를 강화한 후에 겸자(의사들이 쓰는, 날이 없는 기다란 가위같이 생긴 도구)로 발치하도록 했는데, 유럽에서는 이 방법을 중세 시대까지 사용했어. 기원전 400년의 방법을 중세 시대까지 1000년 넘게 사용했다니 놀랍지 않아?

그리고 썩지도 않고 흔들리지도 않는 치아에 통증이 있다면, 치아 뿌리 아래에 스며든 점액 때문에 치통이 생긴다고 생각했어. 윗니에 발생하는 통증은 위쪽에서 내려온 점액 때문에, 그리고 아랫니의 통증은 내장 기관에서 올라온 점액 때문이라고 보았지. 현재의 치과 지식으로는 치아와 그 주변 상태를 먼저 살펴보지만, 히포크라테스와 그 제자들은 몸을 구성하는 체액이 치아에 영향을 준다고 믿었던 거야. 발치나 치통

외에도 잇몸의 과도한 성장, 치아 농양 및 턱뼈의 탈구에 대해서도 언급한 부분들이 기록에 나오는데, 이것은 꽤 오랜 시간 의학도들에게 영향을 주었어.

히포크라테스는 '선서', '의학의 아버지'라는 단어와 함께 의사의 윤리 의식과 사명감이 가장 먼저 떠오르는 역사적인 인물이야. 더불어 그는 치과에서도 의학과 치의학이 분리되어 발전하기 전, 치아 통증 및 치료에 대해 다양하게 연구했던 흔적이 발견되는 매우 중요한 인물이기도 해.

낮은 계급이었던 외과의와 이발 외과의

그리스 로마 시대 이후 유럽 중세 시대에도 종교는 중요한 위치를 차지했어. 사회 곳곳에 종교가 관여했고, 의학과 과학에도 마찬가지였지. 의학이 종교에서 완전히 분리되지 않은 상황이었기 때문에 의학적인 발전이 거의 없었어. 그리스 로마 시대 이후에도 히포크라테스와 갈레노스[*]의 가르침에서 더 나아가지 못하고 약초 처방, 식이 요법, 사혈(피를 빼내는 치료법)로 치료하는 것에 머물러 있었지.

　이처럼 종교가 중요한 위치를 차지한 중세 시대에는 성직자들이 '의사'와 '외과의' 업무를 같이 했어. 6세기 서유럽에서는 성 베네딕트가 확립한 규율에 따라 수도사는 환자를 볼 수 있는 권리를 부여받았지. 13세기까지 프랑스에는 1000개 이상의 수도원이 있었지만 의학적인 치료 대신 약초 처방, 기도 및 점성술로 구원을 받을 수 있다고 믿었어. 그래서 아름다운 치열을 가지고 있다고 알려진 성 메다르두스에게 기도하고, 웅변으로 유명했던 성녀 카타리나에게 혀의 질환을 낫게 해 달라고 기도했지. 실제로 시간이 흘러 자연 치유되거나 병이 나으면 사람들은 성인이 기적을 행한 것처럼 찬양했대.

　사회적 계급으로 따져 보면, 당시 의사는 건강을 관리하는 사람들 중에 가장 최상위층이었고, 그 아래에 외과의와 이발외과의가 존재했어. 의사는 의과대학 강의를 듣고 시험까지 치르고 나면 길이가 긴 대학 예복을 입을 수 있었다고 해. 지금 의사들이 입는 긴 가운을 떠올리면 이해가 쉬울 거야. 의학 학위를 갖고 있는 외과의는 거의 없었지만, 의학 학위가 있는

* 로마 제국 당시의 고대 그리스의 의학자이자 철학자. 히포크라테스 이래 최고의 의학자로 꼽히며 고대 의학의 완성자로 널리 알려져 있다.

경우에는 공인 외과의라 불리며 긴 예복을 입을 수 있었어. 반면 학위가 없는 대부분의 외과의들은 '짧은 예복의 외과의'라 불리고, 전문 지식이 조금 부족하다고 여겨졌지.

그리고 이발 외과의는 가장 아래 계급에 속했는데, 붕대 감기, 발치, 연고 바르기 등 환자를 직접 손으로 만지는 처치를 주로 했어. 이들은 손재주가 중요하고, 과학적 이론이나 학

위 없이 도제 제도*로 기술이 이어져 내려오다 보니 사회적 지위가 낮을 수 밖에 없었지.

이발 외과의가 수술을 전담했다고?

지금은 외과의사도 당연히 존경받는 의사지만, 그 당시엔 피를 보거나 손으로 수술하는 것이 의사의 품위를 저하시킨다고 생각했어. 그렇기 때문에 외과의마저도 일반 의사보다 낮은 계급에 속했고, 외과의들도 본인의 사회적인 지위를 높이기 위해 손으로 하는 것은 대부분 이발 외과의에게 위임했지. 당시엔 말로 지시를 내리는 의사가 더 높은 계급이었고, 환자를 직접 보고 처치하는 이는 낮은 계급의 천민과 같은 존재로 여겨졌던 거야.

중세 시대의 치과 치료에 관한 자료는 거의 없는데, 프랑스의 외과의사인 앙리 드 몽드빌(Henri de Mondeville)과 기 드 숄리아크(Guy de Chauliac)가 쓴 외과 저서에 남아 있는 자료가 거의 전부지.

몽드빌은 1320년에 라틴어로 수술법을 정리해 《외과학(La

---

* 후계자를 양성하는 제도로, 직업에 필요한 지식과 기능을 스승의 밑에서 일하며 배우는 형태다.

Chirurgie)》이라는 책을 썼는데, 안타깝게도 책이 다 완성되기 전에 죽었어. 그래도 미완성이 된 책에서 치과와 구강 질환에 대해 절개, 사혈, 소작(불로 지지는 치료법) 등의 접근법을 장황하게 적은 흔적을 발견할 수 있지.

솔리아크도 《외과학대전(Chirurgia Magna)》이라는 외과 서적을 썼는데, 치과 치료에 대해 몽드빌처럼 총체적으로 설명하고는 있지만, 대부분이 고대 문헌에 이미 기술되어 있는 내용들이었어. 이들이 책에서 강조한 내용은 이론적인 발전보다 치아에 대한 수술을 이발 외과의가 담당하고, 의사는 치료법

과 치료 방침을 처방해 주어야 한다는 것이었지.

이러한 시대적인 분위기로 인해 의사들은 치과 질환에 처방을 계속 하긴 했지만, 실제 치료는 이발 외과의에게 일임하는 경우가 더 많았어. 이발 외과의들은 치아를 뽑거나 흔들리는 치아를 철사로 함께 묶어서 고정하는 처치를 하였고, 썩은 부위는 파내고 약초로 만든 충전물로 채우는 등의 작업에 숙련되어 있었지. 여기에 당시에 중요한 재산 목록이었던 소(牛) 수술까지 담당했던 이발 외과의는 중세 시대에 등장한 치과 의사의 '첫 발자취'라 볼 수 있어.

'외과학의 아버지'도 원래 이발 외과의였다고?

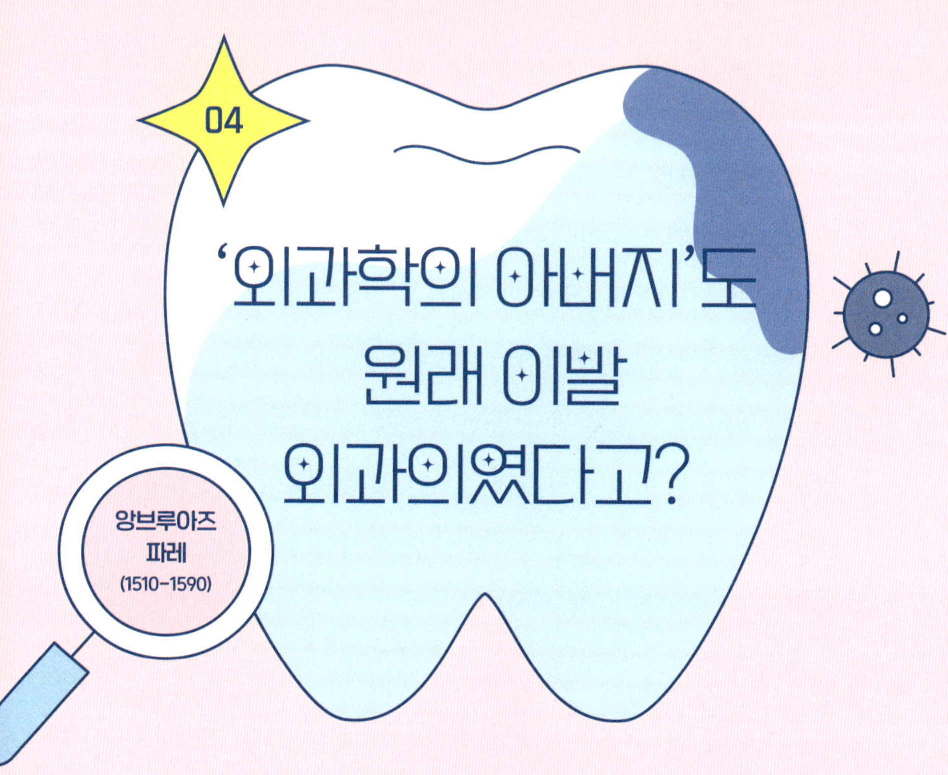

치과 치료의 진전을 보인 르네상스 시대

과학과 의학의 발전이 비교적 더디었던 중세 시대를 지나 르네상스 시대가 시작되면서, 치과 치료도 조금씩 발전하기 시작해. 사람들은 종교 세력과 고대 문물을 고수하기보다는 자연철학에 더욱 관심을 가졌지. 15세기에 인쇄술이 발명되면서 여러 의사, 외과의들은 의학 지식이 담긴 책을 출판했고 결과적으로 의학 및 치의학이 발전하는 계기가 돼.

이탈리아의 볼로냐, 파두아, 피사, 그리고 프랑스의 파리, 몽펠리에 대학에서는 의학이 종교, 법학과 비슷한 위치에 이를 정도로 중요한 위치를 차지했고, 이 의과대학의 교수들은 여러 질병과 그 치료법을 설명하는 책들을 출판했어. 몬디노(Mondino dei Liucci)가 쓴 최초의 근대 해부학 교과서인 《해부학(Anathomia)》도 이 시기에 등장해.

르네상스 시대 최고의 외과의라 불리는 앙브루아즈 파레(Ambroise Paré)는 처음부터 대학교에서 의학을 배운 의사나 공인 외과의가 아니었어. 이발 외과의인 형에게 어릴 때부터 기술을 배우기 시작한 파레는 오랜 시간 많은 환자들을 치료했지. 그리고 1533년에 파리의 유일한 공립병원이었던 오텔 뒤 병원에서 3년간 외과의로 수련을 받고, 군대의 외과의가 되었어.

전쟁터에서 수많은 수술과 총상 치료를 경험한 파레는 왕실에서도 인정받게 되는데, 실제로 치과 치료를 한 기록도 존재해. 그중 치아 이식 사례가 보고서 형태로 남아 있는데, 공주님의 앞니가 빠진 걸 치료한 기록이야. 공주님의 위 앞니가 빠지자, 왕실은 말 그대로 비상사태였지! 공주님은 창피해서 외출할 수 없었고, 파레는 치료를 위해 하녀 중 한 사람의 치아를 뽑아서 공주님의 치아가 빠진 부위에 넣었어. 이 치아는

하필 잘 보이는 앞니가 빠졌어!
덜덜덜 내 치아를?
하녀의 치아를 뽑아서 쓰시지요.
젊은 파레
예전에는 수술도 하고 총알도 뽑고 했었지.
이제는 치아를 뽑지 않아. 난 계급이 올랐거든.
그건 옛날이고 ~
지금은 아니지 ~
외과학의 아버지 앙브루아즈 파레

운이 좋게도 빠지지 않았고, 공주님은 하녀에게서 얻은 치아를 자신의 치아처럼 편안하게 사용했다고 해. 하지만 치아를 뺏긴 하녀의 심정을 생각해 보면 잔인한 일이지.

오늘날 치과에서는 본인의 치아를 빼서 이식하는 자가 치아 이식술을 하지, 다른 사람의 치아를 이식하지는 않아. 하지만 1500년대부터 1800년대 초반까지 유럽에서는 이 치료를 흔하게 행했어. 가난한 이들에게 돈을 주고 치아를 사거나 강제로 빼앗고 시체에서 치아를 얻기도 했는데, 감염과 합병증, 윤리적 문제 등 여러 이유로 점차 사라진 치료법이야.

의학의 발전에 기여한 이발사

파레는 군대의 외과의로 몇 년간 일한 뒤 1545년에 파리로 돌아와 해부학을 공부하기 시작했어. 이후 현장 외과의로 임명된 파레는 앙리 2세의 외과의 경력을 인정받아 외과의 수련을 위해 최초로 설립된 생콤대학교의 일원이 되었지. 그리고 1575년에 파레는 의학서를 라틴어로만 쓰던 기존의 관습에서 벗어나 프랑스어로 쓴 전집을 출판해. 모든 외과의가 의학 지식을 접할 수 있게 함으로써 의학과 외과학의 발전에 크게 공헌했지. 이러한 여러 기여를 인정받아 파레는 가족을 따라 시작했던 가장 낮은 계급의 이발 외과의에서 '외과학의 아버지'이자, 프랑스 왕 4명의 공인 외과의로 이름을 남기게 돼.

파레는 치아 이식술 외에도 치아 해부학과 치과 질환에 대해서도 큰 관심을 보였어. 그가 쓴 외과 책에도 이 내용들이 있는데, 특히 발치는 굉장히 신중하게 결정해야 하고 숙련된 이발 외과의에게 뽑아야 한다고 했지. 억지로 치아를 잡아당기거나 힘을 세게 주어 뽑으면 뼈가 부러질 수 있고, 합병증이 발생할 수 있기 때문에 발치를 최후의 수단으로 여겼어.

여기서 주목할 것은 그가 외발 외과의로 시작했고 전쟁에서 수많은 수술 경험을 쌓은 외과의임에도 불구하고, 발치를 이발 외과의에게 위임했다는 점이야. 앙브루아즈 파레는 총상 치료부터 의수와 의족 등의 보철물 발명, 그리고 여러 수술을 해 낸 한 시대의 훌륭한 외과의로 알려져 있어. 또한 치과 질환에 대해서 외과의가 전체적으로 책임지고 치료해야 한다고 주장한 인물로, 치과계의 선도적인 인물로도 평가받지.

치과학의 발전에 외과가 연결되어 있는 역사를 보니 정말 재미있지 않아?

치과의사가
외과 수술을 할 수 있다고?

한국의 치과의사는 D.D.S(Doctor of dental surgery) 학위를 받아. 자세히 보면 'surgery(수술)'라는 단어가 포함되어 있지. 치과의사 하면 충치 치료, 보철 치료가 먼저 떠오를 테지만, 수술을 하는 외과학이 치의학의 모태가 되는 역사에서도 볼 수 있듯 치과의사는 목 위쪽에 해당하는 구강 및 악안면의 수술 및 처치도 할 수 있어.

국내의 치과 대학병원에서는 구강암 치료를 위한 수술 및 재건을 위해 팔, 다리 등 몸의 다른 부위에서 뼈와 피부를 떼어 내 입안에 이식하는 수술을 치과의사가 하고 있어.

계몽주의와 함께 발전한 치과의 전문직화

앙브루아즈 파레와 같이 이발 외과의에서 시작한 인물들이 외과학을 발전시켰음에도 불구하고, 외과의와 이발 외과의 사이의 대립은 계속되었어. 이 분쟁을 종결시키기 위해 루이 14세는 1655년에 칙령을 내려 모든 외과의들이 단일 조합에 가입하도록 했지. 이로 인해 가장 낮은 계급이었던 이발 외과의들은 신분이 상승했고, 외과의들은 이발 외과의들의 현장 경험을 습득해 서로 부족한 부분을 채울 수 있었어.

왕실에서 의사들이 루이 14세를 치료한 기록이 여러 개 남아 있는데, 그중에 변비로 크게 고생했다는 내용이 있어. 갑자기 웬 변비 이야기인가 싶지? 놀랍게도 이 이야기는 그 시절에 처방만 내리는 '내과'와 손으로 치료하는 '외과' 사이의 차별이 없어지는 데 큰 역할을 했던 사건이야.

처음에 왕의 변비 치료를 맡았던 건 왕실의 내과의사였어. 하지만 내과의사가 제공한 약과 연고가 크게 효과가 없자, 1686년에 외과의사인 펠릭스(Felix de Tassy)에게 치루 수술을 의뢰하게 돼. 그는 이전에도 많은 하층 계급민들을 대상으로 치루 수술을 연습했는데, 실패도 많았고 죽은 사람도 있었다고 해. 하지만 루이 14세의 수술을 성공하면서 펠릭스는 귀족이 되고 땅과 사례금도 꽤 두둑이 받았지. 내과의사가 해내지 못한 것을 외과의사가 해낸 이 사건은 외과의사의 위상을 높이는 계기가 돼.

루이 14세는 충치를 치료하기 위해 치아를 빼다가 위턱뼈가 같이 떨어져 나간 일도 있었어. 입천장뼈 부위가 없으니 음식이 코로 넘어가기 일쑤였지. 그래서 외과의사 펠릭스와 치과의사 뒤부아가 같이 치료를 맡아, 상처 주변을 높은 온도의

열로 지져서 치료하는 '소작'을 여러 번 했어. 여기까지의 이야기를 들어 보면 상처 때문에 왕이 아프고 고생했을 거라 생각하겠지만, 펠릭스가 보기에는 왕보다 뒤부아가 더 고통스러워 보였다고 해. 왜냐고? 뒤부아는 치료가 실패하면 왕을 치료하지 못한 죄로 감옥에 수감될까 봐 덜덜 떨었거든. 다행히 몇 개월 뒤에 뼈와 살이 재생되면서 왕의 입안 상처가 아물었어. 그 일로 프랑스는 루이 14세 시기에 처음으로 치과의사가 왕실에 공식적으로 임명되면서, 낮은 서열이기는 하지만 귀족이 되는 기회가 주어졌지.

이 시기엔 치과의사를 선발하는 공인된 시험이 없었기 때문에 돌팔이나 외과 지식이 없는 아마추어에게 치료를 받아 부작용을 겪는 사람들이 생겨났어. 이를 막기 위해 독일은 베를린 칙령(1685), 프랑스는 파리 칙령(1699)을 내려 전문 시험에 합격해야 진료할 수 있게 했고, 덕분에 치과의사가 점차 전문직으로 인정받기 시작했지.

치과의사라는 직업명이 탄생하다

프랑스의 브르타뉴에서 태어난 피에르 포샤르(Pierre Fauchard)는 15살에 해군에 입대해서 구강 질환에 관심이 많았던 외과의사 포트르레의 견습생으로 들어가 외과 수련을 시작했어. 바다에서 군인으로 복무하는 동안 괴혈병을 포함한 다양한 구강 질환을 접했던 그는 3년간의 수련을 마치고 앙제라는 도시에 치과를 개업하게 돼.

포샤르는 '외과의사-치과의사'라는 단어를 처음으로 사용한 것으로 여겨지는데, 그는 틀니 제작자로 불리던 직업과 치과의사 사이에 차별성을 두려고 했어. 20년간 여러 지역을 옮겨 다니며 치료해 유명세를 얻은 그는 1719년에 파리에 정착하게 돼.

사실 이 당시엔 치과 치료를 전문으로 하는 숙련가들이 대부분 상류층의 보철, 심미 치료에 집중했는데, 본인의 노하우를 다른 이에게 알려 주고 싶어 하지 않았어. 치과뿐 아니라 명망 있는 의사들도 자신의 의료 지식과 기술을 알리길 꺼리는 게 사회적인 분위기였지. 이에 포샤르는 치과 학문을 가르칠 수 있는 자료와 책이 너무나 부족하다고 느끼고, 의학 서적과 전문가들의 인터뷰를 모아 제대로 된 치과 치료법을 담은 책을 만들었어. 바로 《치과의사: 치아 치료(Le Chirurgien Dentiste: Ou Traite Des Dents)》야. 치과 치료와 진료 기술을 체계적으로 문서화한 최초의 책으로서, 치과의사라는 직업을 단순히 이발

사나 대장장이에게 기술을 전수받던 사람에서 전문직으로 변화시키는 데 큰 역할을 했지.

그가 책에서 다룬 내용을 보면 놀라울 정도로 폭넓은 지식을 다루고 있어. 충치를 예방하는 방법부터 충치 치료, 치아별 발치하는 기구의 개발까지, 심지어 교정 치료 방법도 기술되어 있지. 환자의 치료받는 자세도 다루었는데, 편안한 머리받침과 팔걸이가 있는 안락의자에서 치료받아야 한다고 되어있어. 여태까지는 환자가 바닥에 앉아서 치료를 받았었거든. 환자의 입안을 효율적으로 치료할 수 있는 위치까지 제시했는데, 이것이 현재 치과에서 사용하는 유닛 체어의 시초라고볼 수 있어.

교정 치료가 최초로 시작되다

18세기 이전에는 현재 교정 치료라 불리는, 어긋난 치아를 배열하는 치료에 대한 언급이 거의 없었어. 교정은 붓거나 아파서 하는 치료가 아니고 배열을 가지런히 하는 선택적인 치료이기에, 등장이 좀 늦은 편이었지.

포샤르는 이 교정 치료에 대해 처음으로 기록을 남긴 인물로 알려져 있어. 그는 치아를 가지런히 하는 방법을 크게 두

가지로 나눴어. 은으로 만든 판을 치아 바깥쪽에 대고 실을 이용해 삐뚤어진 치아에 힘을 가해서 '천천히' 이동시키는 방법, 그리고 삐뚤어진 치아를 잡아서 '빠르게' 강제로 이동시키는 방법이야.

어느 날, 한 아이의 엄마가 12살 된 딸의 두 번째 앞니 배열이 이상해 보이자 포샤르에게 데리고 왔어. 포샤르는 실을 이용해 10일 정도면 고칠 수 있으니, 아이를 매일 보내라고 했지. 그런데 엄마가 아이의 공부에 방해가 될까 봐 걱정하자 그는 한 번에 시술하는 방법을 제안했어. 치아가 이동하면서 닿는 다른 치아의 옆 부분을 갈아 내고, 삐뚤어진 치아를 앞으로 잡아당겨서 제자리에 놓는 방법이었지. 상상해 보면 치아를 억지로 잡아당기는 거라 아플 것 같은데, 다행히 잘 정착되었다고 기록되어 있어.

실제로 교정 치료의 원리는 치아를 원하는 방향으로 약한 힘을 지속적으로 가해서 이동시키는 것인데, 포샤르는 힘을 한 번에 많이 가해서 옮긴 거야. 포샤르가 사용한 이 방법은 너무 세게 시행하면 치아 뿌리가 녹거나 치아 안의 신경을 죽일 수 있기에 지금은 사용하지 않지만, 치아가 이동하는 줄도 몰랐던 이전의 치료 방법과 비교하면 많은 발전이 있었다고

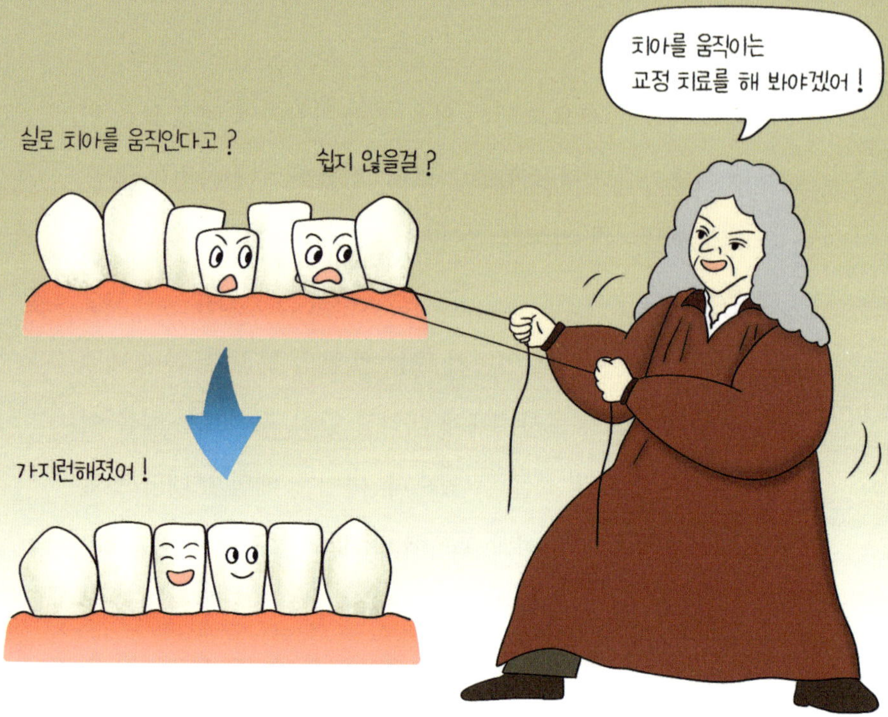

치아를 움직이는
교정 치료를 해 봐야겠어!
실로 치아를 움직인다고?
쉽지 않을걸?
가지런해졌어!
근대 치의학의 아버지 피에르 포샤르
치과의사가
전문적인 직업이 되려면
같이 공부하는 게
살 길이야!
공부하기 싫은데···.
쳇!

볼 수 있지.

포샤르는 당대의 유명한 치과의사였지만, 새로운 전문직을 대표하는 인물인 만큼 귀족이나 부자만 그에게 치료받을 수 있었어. 돈이 없는 대부분의 사람은 전문적인 치과 지식이 없는 돌팔이나 발치사를 찾아가곤 했지. 이들은 떠돌아다니면서 잇몸병과 충치로 고통받는 사람들을 상대로 치아를 빼 주거나 물약이나 양치액을 팔아 생계를 유지했대.

'전문가주의'와 계몽주의

18세기에 파리에서 악명 높았던 돌팔이 중에 '위대한 토마스'라는 사람이 있었는데, 그의 사기꾼 같은 행동을 혐오했던 포샤르는 책에 그 일화를 소개했어.

토마스는 자주색의 군인 코트를 입고 삼각형 모자를 쓰고 목소리를 높여 군중을 모아 치아를 빼는 모습을 공연하듯 보여 줬지. 그런데 여기에는 '눈속임'이 있었어. 가짜 환자와 미리 짜고서 닭이나 동물의 피를 묻힌 치아를 입속에 넣어 놨다가 토마스가 손으로 치아를 건드리거나 뽑는 시늉을 하면 환자가 치아를 뱉는 거야. 그러면 거기에 있던 사람들은 진짜 치아가 빠진 줄 알고 자신의 치아도 뽑아 달라고 하는 거지.

토마스 같은 돌팔이들은 대부분 많이 흔들려서 뽑기 쉬운 치아만 뽑았고, 뽑기 어려운 치아는 핑계를 대며 뽑지 않았어. 굳이 발치할 필요가 없다면서 물약과 양치액을 팔거나, 눈과 연결되어 있는 송곳니를 빼면 시력을 잃을 수 있다고 둘러댔지. 그러다가 실력이 없다고 소문나거나 영업이 잘 안 되면 다른 마을이나 장터를 찾아 떠났고.

포샤르는 재료를 속여서 치료하거나, 부풀려서 사기 치는 사기꾼과 돌팔이들을 강하게 비판했어. 그리고 치과의사가 과학적인 지식뿐 아니라 윤리의식을 가져야 전문 직업으로 거듭날 수 있다고 생각했지. 공공의 이익을 더 크게 생각한 그는 자신의 모든 치료법을 모든 이들에게 공개했고, 치의학이 성장할 수 있도록 방대한 양의 임상 자료를 기록했어. 잇몸 치료, 구강 외과 수술, 보철부터 교정 치료까지 치과 학문의 발전을 위해 본인의 지식을 나누어 주는 걸 주저하지 않았지. 어때? 이 정도면 '근대 치의학의 아버지'로 불릴 만하지?

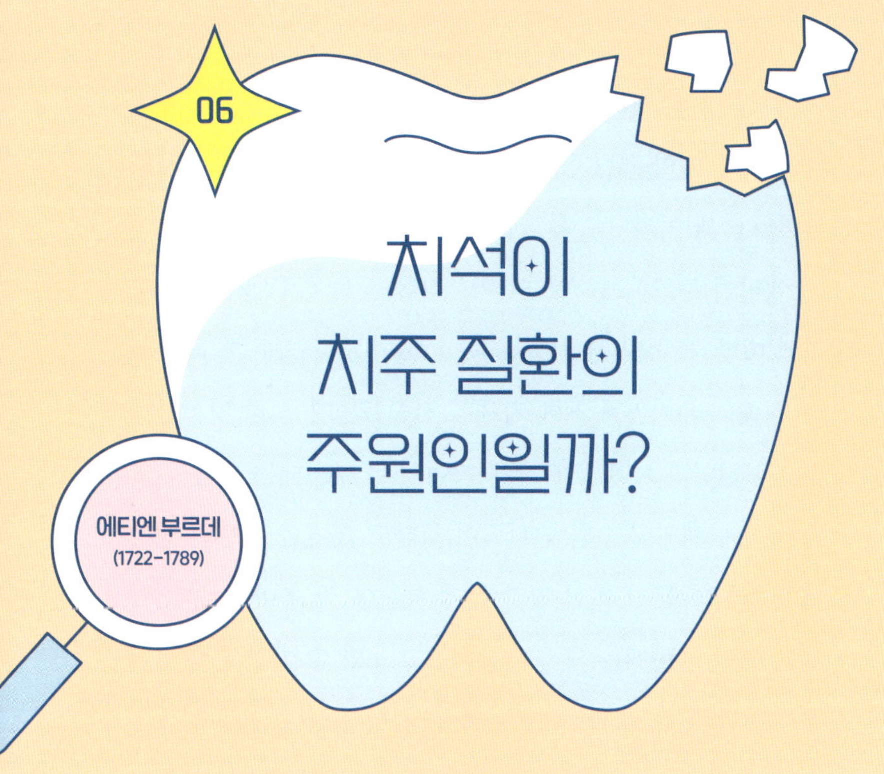

치과계의 2인자라고? 아니, 잇몸병의 1인자

에티엔 부르데(Etienne Bourdet)는 독창적인 치과 이론과 시술로 피에르 포샤르 다음으로 18세기 치과계에 큰 공을 세운 치과의사야. 당시에는 돌팔이들의 횡포를 막기 위해 프랑스를 비롯한 여러 나라에서 자격시험을 통과한 사람들만 치과의사를 할 수 있었어. 부르데는 1745년에 프랑스의 생콤 외과 의학원에서 치과의사로 활동할 수 있는 자격을 받았지. 포샤르가

워낙 유명해서 가려졌을 뿐, 부르데도 치주염과 이갈이 치료, 치아 이식, 치아 교정 등 다양한 분야를 연구하고 루이 15세와 왕비의 외과 치과의로 활약한 인물이야.

에티엔 부르데는 자신의 이론과 술식을 《치과의 모든 측면에 대한 연구 및 관찰(Recherches et observations sur toutes les parties de l'art du dentiste)》이라는 책에 자세히 서술했는데, 특히 잇몸병(치주염)의 원인과 치료법에 크게 기여했지. 부르데는 잇몸의 염증이 잇몸 뼈의 흡수와 연관되어 있다고 했어. 잇몸병이 성병이나 괴혈병 등의 전신 건강 문제 때문에 안 좋아질 수도 있지만, 가장 흔하게는 치석 때문이라고 보았지. 이건 현재 치과에서도 많이 강조하는 내용이야. 그래서 치아 주변에 쌓이는 치석을 제거하는 스케일링 치료를 주기적으로 받으라고 하는 거거든.

또한 그는 잇몸에 생기는 화농성 염증(고름이 생기는 염증)은 충치만큼이나 치아를 발치하게 만드는 원인 중 하나이고, 잇몸병이 평소에는 크게 아프지 않지만 충치가 없는 건강한 치아도 잃게 만든다고 주장했어. 화농성이라고 하니 어렵게 느껴지지? 고름이 생겨서 잇몸이 개구리 배처럼 불룩 올라오고 붉은 염증이 있는 상태를 생각하면 돼. 잇몸뼈가 내려가고 고름이 잡히는 염증이 있으면 충치로 인해 썩지 않더라도 치아의 수명에 영향을 줄 수 있다고 본 거지. 잇몸에 나타나는 사소한 증상들을 놓치지 않았던 걸 보면 부르데는 관찰력이 뛰어났던 것 같아.

치아 이식과 교정 기술의 발전

18세기에는 치아가 흔들려서 빠지면, 다른 사람의 치아를 이식하는 '치아 이식'을 많이 했어. 부르데도 그 시술을 많이 하는 사람 중 하나였는데, 당시의 치아를 얻는 방식이 도덕적이진 않았지. 보통은 전쟁터에서 죽은 군인들의 치아를 수집했는데, '워털루 치아'라고 불렀어. 하지만 이 방식만으로는 이식할 치아를 충분히 구하기가 어려워서 돈이 없는 사람들에게 치아를 사서 그 자리에서 뽑아 이식하곤 했지.

그런데 사람마다 치아 뿌리의 크기와 형태가 다르잖아? 그래서 부르데는 "치아 제공자를 여러 명 준비해야 한다. 만약 한 사람의 치아가 맞지 않는다면, 그 치아는 다시 원래 위치로 돌려놓아 처음 제공했던 사람이 잃는 것이 없게 하고, 다른 제공자의 치아로 시도할 수 있어야 한다"라고 이야기했어. 치아를 뽑는 과정이 고통스러워서 안 할 것 같지만, 실제로는

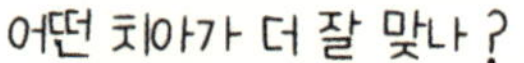

어떤 치아가 더 잘 맞나?
드디어 새 이가 생기겠군!
치아 팔 사람은
줄 서세요~
치아 파는 대기 줄
내 치아가 더
잘 맞으면 좋겠다.
배고파….
내 치아가 됐으면….

가난한 사람들이 치아를 많이 팔았다고 해. 치과 진료실 앞에 여러 명이 대기하면서 자기 치아가 다른 사람에게 들어맞기를 기다리는 웃기면서도 슬픈 상황이 펼쳐졌던 거야.

피에르 포샤르가 처음 교정 치료를 언급한 것에 이어, 부르데는 교정 치료를 조금 더 발전시켰어. 포샤르는 비정상적인 자리에 위치한 한두 개의 치아를 움직였다면, 부르데는 전체 치아에 교정 장치를 연결했지. 그가 디자인한 교정 장치를 보면, 금이나 하마의 이빨로 만든 판에 20개의 구멍을 뚫어서 어금니에 고정한 후 어긋난 치아에 힘을 가했어. 치아가 바깥쪽으로 이동해야 할 수도 있고, 안쪽으로 이동해야 할 수도 있잖아? 그래서 환자의 상황에 따라 치아의 안과 밖 중에 판을 덧대는 곳을 바꿔서 힘의 방향을 바꿨지. 치아의 이동을 정확히 하기 위해 디자인에 노력을 많이 기울인 거야.

에티엔 부르데가 '치의학의 아버지'라 불리는 피에르 포샤르보다 유명하지는 않지만, 치과 치료가 점점 늘어났던 18세기의 흐름에 발맞춰 창의적인 치료법과 병의 원인을 연구해 치의학 발전에 크게 기여한 점은 높게 평가해야겠지!

고약한 냄새가 났던 틀니와 인공 치아

충치나 잇몸 질환으로 치아를 잃게 된 사람들은 치아가 빠진 부위를 채우기 위해 여러 재료를 사용해 왔어. 시체의 치아나 동물의 뼈, 코끼리의 상아 등을 깎아서 치아와 비슷하게 만들어 사용했지. 그런데 이런 재료로 만든 틀니를 오래 사용하다 보면 침과 닿아 부패하면서 고약한 냄새가 났어. 특히 틀니의 밑판은 입안에서 꺼내어 아무리 여러 번 닦아도 냄새가 없어지지 않아 골칫거리였지. 그래서 동물 뼈와 상아를 대체할 재료들이 계속 연구되었고, 이때 등장한 것이 바로 도자기야.

1774년, 약사였던 알렉시 뒤샤토(Alexis Duchateau)는 상아로 만든 틀니를 사용하고 있었는데, 여기에 미네랄로 만든 반죽 치아를 실험해 보기로 해. 그는 도자기를 만드는 공장에서 일하면서 재료의 수축 없이 잘 맞는 틀니 반죽을 처음 만들었어. 이후 니콜라 뒤부아 드 세망(Nicholas Dubois de Chémant)과 함께 힘을 합쳤는데, 드 세망은 치아를 구워 내는 데 특화된 작은 용광로를 만들어 도자기 치아를 만들어 냈지.

드 세망은 프랑스를 떠나 도자기 그릇이 비교적 최근에 도입된 영국으로 향했어. 런던에서 발 빠르게 제작 기술 특허를 취득했고, 도자기로 만든 도재 틀니는 1790년대 영국에서 큰 성공을 거두었지. 1804년까지 무려 1만 2000세트라는 엄청난 수가 제작되었고, 치과의사와 지식인, 유명 인사들의 입소문을 타고 큰 인기를 누렸어.

그런데 우리가 지금 사용하는 도자기의 특성을 떠올려 보면, 힘이 가해졌을 때 깨질 수 있고 부피에 비해 무겁잖아? 마찬가지로 도자기로 만든 틀니는 입안에서 사용하기에 무거웠고, 씹을 때 갈리는 소리가 나면서 깨지기도 했어. 그래서

코끼리 상아
시체 치아
틀니
어유, 입 냄새!
도자기로 만든 틀니라고!
이제 더 이상 냄새나지 않아.
니콜라 뒤부아 드 세망

이탈리아의 유명한 치과의사 주세페 폰지(Giuseppangelo Fonzi)가 1808년에 이러한 문제점을 보완하여 틀니에서 잇몸을 감싸는 밑판인 의치상과 치아를 분리해서 제작했지. 기존에는 틀니 전체를 통째로 도자기로 구워 내서 무거웠거든. 폰지는 하얗게 보여야 하는 치아는 도자기로, 잇몸을 감싸는 의치상은 금속으로 만들어서 가볍고 강하게 만들었어. 치아 하나하나를 굽기 전 치아 뒤에 백금 핀을 넣어서 금속으로 된 의치상과 용접하는 방식이었지. 심지어 다양한 재료들로 26개의 색을 구현해 자연 치아와 최대한 비슷해 보이도록 노력했어. 치아의 색까지 맞춘 걸 보면 꽤 섬세한 작업이었던 것으로 보여.

도자기로 만든 치아는 1820년대에 프랑스에서 미국으로 전해지는데, 더욱 개선된 형태로 제작되었어. 1844년에 미국의 치과의사 화이트는 도자기 치아의 색상을 개선하고 제작 규모를 키워 회사를 만들었지. 그가 만든 회사는 'SS 화이트 덴탈'로, 현재까지도 가장 오래된 치과 관련 제조업체 중의 하나로 남아 있어.

유럽에서 미국으로 전해진 치의학

이탈리아 탐험가 크리스토퍼 콜럼버스(Christopher Columbus)가 현재의 북아메리카 지역을 발견한 걸 아니? 콜럼버스는 스페인 왕실의 후원을 받아 탐험하다가 1492년에 아메리카 대륙을 발견해 유럽인들에게 새 대륙의 존재를 알렸지. 그는 죽을 때까지 그곳을 아시아라고 믿었다고 해.

콜럼버스가 죽고 100여 년이 지난 뒤 영국, 프랑스, 네덜

란드 등의 여러 유럽 국가들은 이 땅을 식민지화하려고 했어. 1607년에 영국은 미국을 식민지화하는 데 성공했고, 이때 유럽 각국의 사람들이 정착을 위해 미국 땅을 밟았지. 미국 식민지 시대 초창기엔 각 나라의 다양한 직업을 가진 사람이 모여 살다 보니 의료 행위에 대해 특별히 정해진 제한이 없었어. 대학 학위도, 나라에서 정해 놓은 특별한 자격도 필요 없었지. 그래서 누구나 의사나 치과의사가 될 수 있었어.

미국으로 막 사람들이 건너가던 17세기 초에는 유럽에서 의사, 외과의, 이발사를 했던 사람들이 치과 치료를 했지. 이들은 유럽에서 치료도, 치과 광고도 해 봤기 때문에 미국에서도 신문에 광고를 하기 시작했어. 초반에는 치과를 따로 개업하지 않고 치료를 원하는 사람들을 찾아다니는 '순회 치과의사'가 되어 지역을 옮기며 치료했지. 1638년에는 윌리엄 딘리라는 이발 외과의가 치통으로 고생하는 환자를 치료하기 위해 눈보라를 뚫고 가다가 궂은 날씨에 동사한 안타까운 사건이 있었어.

이후에는 이발사 외에 좀 더 다양한 직업을 가진 사람들이 치과 일을 병행해. 가발 제조업자, 배우, 금속 세공사들이 발치도 하고, 틀니도 만들었지. 이 중에 가발 제조업자와 이발사

영국과 프랑스를 떠나 미국에서 새로운 삶을 시작하는 거야!
아메리카 대륙 기대된다!
가발도 만들고
치과의사도 하고!

가 가장 흔했어. 그럴 수밖에 없는 게, 우리가 앞서 치의학의 역사를 알아보면서 이발 외과의가 치과의사로 발전하는 과정을 보았잖아? 유럽에서 미국으로 전해진 문화 또한 비슷했어. 미국은 그 과정을 뒤늦게 겪은 거지. 부유한 계층이나 고위층 신사들 사이에는 가발을 착용하는 관습이 있었고, 가발을 만들러 이발소에 찾아오면서 치아를 뽑는 문화가 같이 전해진 거야. 버지니아주 윌리엄즈버그의 가발 제조업자였던 앤드류 앤더슨이 발치와 처치 시술 비용을 청구한 기록이 남아 있는데, 가발을 만들어 주거나 이발하면서 받은 비용의 10분의 1도 되지 않아. 당시엔 치과 치료와 처치의 가치를 높게 평가하지 않았던 거지.

부업이었던 치과를 전업으로

18세기에는 치과의사로만 일하는 사람들이 등장했어. 영국과 프랑스에서 치과를 전업으로 삼은 이들이 미국으로 이주해 오면서 치과의사로만 일하는 사람들이 점차 늘기 시작한 거야. 이들은 미국의 대서양 연안을 따라 항구인 보스턴, 뉴욕, 필라델피아 등 초기 도시 중심지에 자리를 잡았는데, 영국에서 온 로버트 우펜데일과 존 베이커, 프랑스의 장 피에르

르 마이외르, 제임스 가르뎃이 대표적인 인물들이야.

이들 중 로버트 우펜데일은 영국에서 국왕을 치료하는 의사의 견습생으로 일하다 미국으로 건너갔고, 뉴욕과 필라델피아에서 1년간 개업해 치과 시술을 잘한다는 광고도 여러 번 했어. 하지만 결국 돈을 벌지 못하고 런던으로 돌아갔지.

경제적 이윤을 남기지 못한 우펜데일과 달리 존 베이커는 영국에서 미국으로 건너와 비교적 성공적으로 정착했어. 베이커는 유럽에서 10여 년간 치과의사로 일하다 1763년경에 미국 보스턴에 개업해 명성을 쌓았지. 5년 뒤엔 동부 해안의 대도시에 치과를 열기 위해 보스턴을 떠나 뉴욕, 필라델피아, 볼티모어 등에서 활동했어. 기록에 따르면 그는 버지니아에도 머물면서 미국의 초대 대통령인 조지 워싱턴을 치료하고 많은 이들에게 치약과 칫솔 등 구강 관리 용품을 판매했대.

존 베이커에게 치과 치료를 배운 폴 리비어(Paul Revere)는 상아를 가공하고 금과 은을 세공하는 세공업자였는데, 미국 독립 전쟁 당시에는 장교로도 활약했어. 참 여러 가지 일을 했지? 폴 리비어는 세공 기술을 살려 치과 보철물을 만들어 사람들을 치료해 줬대. 이와 관련해 그를 미국 '법치의학의 선구자'로 볼 수 있는 주요한 사건이 있었어. 그는 친구인 조지프 워런이 전쟁터에 나가기 전에 상아로 보철물을 만들어 치료해 줬었는데, 워런이 전쟁터에서 총을 맞아 사망한 거야. 워런의 시신은 전쟁 중에 적의 눈을 피해 표식 없이 묻혔고, 1년 뒤 국가로부터 공로를 인정받아 다시 매장하기 위해 시신을 발굴했어. 그런데 이미 부패가 진행되어서 식별이 불가능했고, 함께 발굴된 몇몇의 시신은 워런이랑 비슷해서 구분하기 어려운 상황이었지. 그때 폴 리비어가 본인이 치료한 치아 보철물로 워런의 시신을 찾았다고 해.

당시 프랑스에서는 개신교를 향한 종교적 박해를 피해 어러 전문직 인사들이 영국이나 미국 식민지로 이주해 왔어. 장 피에르 르 마이외르와 제임스 가르뎃이 이 시기에 미국으로 이주해 온 치과의사들이야. 이들의 활동으로 미국 치과계는 영국과 프랑스의 영향을 받으면서 나름의 독창성이 생겨났지만, 정식 교육 기관이 없었기에 치과 지식과 실무에 실질적인 발전은 거의 없었어. 여전히 여러 직업을 가진 치과의사들이 혼재했고, 기술이 가족 중심으로 전수되어 치과의사가 크게 늘지 못했거든. 하지만 식민지 시대의 혼돈 이후로 미국의 치과계에는 장비, 재료, 기술의 발전이 이뤄지면서 많은 변화가 일어나게 돼.

치아와 잇몸 질병 예방에 꼭 필요한 치실

양치질할 때 치실까지 사용해서 꼼꼼하게 양치하니? 아마 이 질문에 뜨끔한 사람이 많을 것 같아. 내가 치과에서 환자분들한테 치실을 사용하는지 물으면 안 한다고 대답하는 경우가 굉장히 많거든. 양치할 때 치실로 치아 사이사이를 잘 닦는 것은 굉장히 중요해.

치실을 처음 발명하고 소개한 사람은 미국 뉴올리언스의

치과의사인 레비 스피어 팜리(Levi Spear Parmly)야. 그는 1815년에 치아 사이의 공간을 닦아야 한다며, 실크로 만든 치실을 처음 소개했어. 칫솔질로는 치아와 잇몸의 경계 부분과 치아 사이를 깨끗하게 닦기 어렵고, 여기에 자극적인 물질이 남아 있으면 통증의 원인이 될 수 있어서였지.

'치태'라고 불리는 플라그가 치아 표면에 남아 있으면, 세균이 살 수 있는 집이 되어서 치아와 잇몸에 좋지 않은 영향을 주게 돼. 칫솔을 이용해 치아 표면은 깨끗하게 닦을 수 있지만, 치아 사이사이를 닦는 것은 어렵거든. 치실을 사용하면 충치, 치은염 등의 질환도 예방할 수 있어.

지금은 치아를 잘 닦지 않으면 충치가 생긴다는 걸 다들 알잖아? 그런데 과거에는 충치의 정확한 원인을 몰랐어. 레비 스피어 팜리는 치태와 입안 세균이 어떻게 작용하는지 과학적으로 정확히 밝혀지기 이전에, 치아가 썩는 이유가 치아 표면에 있는 이물질과 같은 외부 영향에 있다는 것을 처음 알아낸 사람이야.

레비 스피어 팜리는 미국 버몬트주에서 농부의 아들로 태어났는데, 9남매 중에 장남이었어. 그 집에는 아들이 5명인데, 그중 4명이 치과의사야. 첫째인 레비는 뛰어난 치과의사이자 교육자였고, 셋째인 엘리저 팜리(Eleazar Parmly)는 미국 최초의 치과대학을 설립했지. 아버지는 레비에게 농부가 되라고 했지만, 레슬링도 잘하고 바이올린에도 재능이 있었던 레비는 본인의 꿈을 펼치기 위해 농부의 길을 거절하고 보스턴으로 갔어. 버몬트에서 보스턴까지 걸어서 갔다니 그 열정이 대단하지? 그는 보스턴에서 영국의 치과의사인 페트리의 견습생으로 일하면서 치과의사의 길을 시작해. 그리고 보스턴의 유명한 의사이자 치과의사인 존 랜들 박사로부터 2년 동안 지도를 받은 후, 버몬트주와 인접한 캐나다로 이주해 치과를 열었지. 이후 미국, 프랑스, 영국을 오가며 치과의사이자 학자로 활발히 활동했어.

하루 3회 양치질을 알려 준 소아 치과의 아버지

레비는 여러 권의 책을 펴내며 '어린 시절부터 깨끗하게 치아와 잇몸을 관리하는 것'의 중요성을 이렇게 강조했어. "식사 후마다 치아를 깨끗이 닦는 것이 중요합니다. 하루 종일 축적된 더러움이 밤사이 이를 파괴하지 못하도록 해야 합니다." 하루 세 끼 밥 먹을 때마다, 잠들기 전에 꼭 양치하라고 책으로 사람들에게 알린 거야. '아니, 너무 당연한 얘기잖아?'

치실의 발견
치아 사이 음식물을
잘 빼야 해 !
양치질하고
자야 충치가
안 생기지.
자기 전 양치질
일어나~
ZZZ
자기 전에는 꼭
양치하라고 !
레비 스피어 팜리
하루 3회 양치질 !
치 약
우리 삼총사를 잘 이용하도록 !
깨끗한 게 제일 중요해.

라며 속으로 생각했어? 반대로 생각해 보면, 지금은 당연한 이 중요한 지식을 알려 준 사람이 그전까지는 없었다는 거야.

레비는 충치가 생기는 원인, 예방하는 방법, 치료법을 서술한 여러 권의 책을 출판하며, 치과 위생학의 발전에 큰 역할을 하게 돼. 다른 치과의사들이 충치나 흔들리는 치아를 '치료'하는 것에 집중했다면, 그는 질병이 발생하기 전에 '예방'하는 방법을 알려 준 거지.

뿐만 아니라 충치의 진행 방향에 대해서도 연구했는데, 입 안의 더러운 곳에 충치가 생기면 치아의 가장 바깥쪽에 작고 검은 반점이 생기면서 시작된다고 봤어. 당시에는 치아 내부에서 이가 썩기 시작해서 바깥으로 진행된다고 알려져 있었거든. 하지만 레비의 이론은 정확히 반대였지. 그는 치아가 썩는 단계를 연구하기 위해 전쟁에서 사망한 군인들의 치아 수천 개를 수집해 분석했어. 그 결과, 치아의 가장 바깥쪽인 법랑질의 작은 반점이 점차 안쪽의 상아질로 파고 들어가는 것을 발견했지. 상아질은 법랑질보다 더 약한 조직이기 때문에 치아 바깥에서 보는 것보다 훨씬 빠르고 크게 충치가 퍼져. 이러한 충치의 진행 과정을 레비는 처음으로 상세히 묘사했어. 충치가 치아 바깥의 더러움에서 시작하니, 그는 구강 위생이 최고의 예방이라고 충분히 이야기할 수 있었던 거야.

레비 스피어 팜리는 30년 동안 뉴올리언스에서 치과의사로 일하면서 돈도 많이 벌었는데, 부의 축적에만 힘쓰지 않고 자선 활동을 통해 많이 베푼 것으로도 유명해. 학교와 고아원에서 어린이들에게 무료로 치과 서비스를 제공하고, 치아 위생의 중요성을 아이들에게 가르쳐 주었지.

오늘날 우리에게 밥 먹고 하루에 3회, 또 자기 전에 양치질하는 것을 알려 준 그는 소아 치과의 발전과 수많은 사람들의 구강 위생, 치과 질환의 예방을 위해 헌신했던 치과의사로 기억되고 있어.

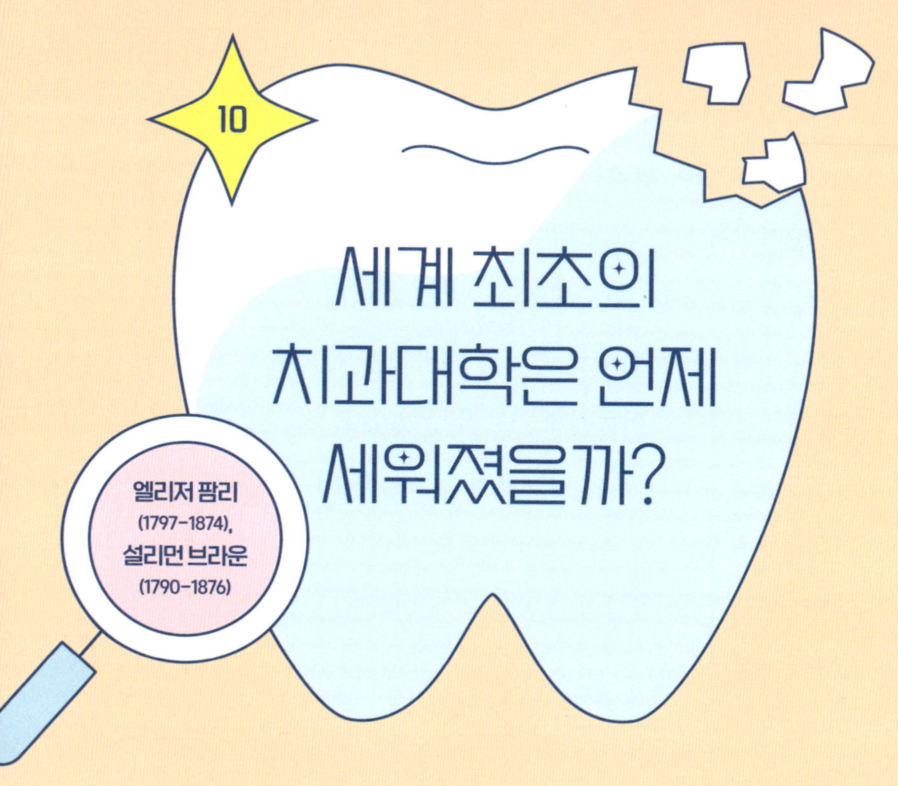

도제 교육에서 벗어나 전문인 교육으로

엘리저 팜리는 레비 스피어 팜리의 동생이야. 그는 치과의사이면서 자신의 여행과 삶을 시로 기록한 시인이기도 했는데, 치의학이 독립적인 분야가 될 수 있도록 교육과 협회 창립, 학교 설립에 앞장선 사람이었어. 형인 레비 못지 않게 미국 치과 역사에 많은 업적을 남겼지.

팜리 가족이 농장을 했던 것 기억하지? 형인 레비가 농장

을 물려받지 않고 보스턴으로 떠나자 집에서는 엘리저에게
농장 일을 하라고 했어. 하지만 그 또한 농부가 자신의 길이
아니라 생각해 17살에 학교 교사가 되지. 이후 형이 캐나다 몬
트리올에 치과를 열자, 뒤따라 치과의사의 길을 걸어.

미국에서 2년간 치과 진료로 돈을 번 엘리저 팜리는 20대
에 영국 런던으로 건너가 공부해 1820년에 《치아의 자연사
(Natural History of the Teeth)》라는 책을 냈어. 그리고 3년 뒤 뉴욕으
로 돌아와 형 레비와 함께 진료했고, 형이 뉴올리언스로 떠난
뒤에도 그는 뉴욕에 남았지.

엘리저는 다양한 치과 진료를 했는데, 기구를 이용한 발
치, 파일이라는 작은 막대를 이용한 충치 제거, 금박을 이용한
썩은 부위 충전, 상아와 금속을 이용한 의치 제작 등을 팜리
가문의 진료 방법으로 전수했어. 특히 그는 금박을 이용한 치
료를 강조했지. 그는 이후에 아말감 사용을 둘러싼 논쟁에서
반대하는 입장에 선 대표적인 인물로 꼽히기도 해.

엘리저 팜리는 부유한 상속녀와 결혼했는데, 그의 사업 수
완 덕분에 재산은 더 불어나 그 당시 300만 달러의 재산을 축
적했다고 해. 지금의 300만 달러는 40억 원이 넘는 돈인데,
그 당시에는 더 큰돈이었겠지?

돈을 많이 번 그는 미국의 치과 발전에 앞장섰어. 그의 옆에는 친구 설리먼 브라운(Solyman Brown)이 함께였지. 브라운은 원래 목사였는데, 성직자로 인기가 많았지만 목에 문제가 생기면서 설교를 못하게 됐어. 그래서 친구인 엘리저 팜리에게 치의학을 배워 치과의사가 된 거야. 브라운은 어떻게 하면 치과의사가 주먹구구식 도제 교육에서 벗어나 전문성과 지위를 가진 직업으로 거듭날까를 고민한 인물이기도 해.

그들은 치의학을 의학과 동등한 위치에 올려놓기 위해서는 전문적인 교육과 정보 공유의 장이 필요하다고 생각했어. 마침내 1839년, 엘리저 팜리와 설리먼 브라운, 채핀 해리스 등 여러 치과의사가 브라운의 집에 모여 세계 최초의 치과 학술지인 〈미국 치과 과학 저널(American Journal of Dental Science)〉을 창간해. 그리고 이듬해에 엘리저 팜리와 설리먼 브라운은 미국 최초의 국가 치과 단체인 미국외과치과협회(American Society of Dental Surgeon)[*]를 설립하지. 치과의사를 양성하는 학교가 생기기 전까지는 이 학회에서 진행한 시험을 통해 치과의사의 자격을 부여했어. 치과대학이 생기면서 바로 이 역할을 넘겼고.

---

[*] 미국외과치과협회(ASDS)는 1840년에 생겼다가 1856년에 아말감 전쟁으로 없어진다. 이후 설립된 미국치과의사협회(ADA)는 1859년부터 현재까지 존재한다.

협회는 이후 아말감 전쟁을 거치며 1856년에 해체돼. 아말감 전쟁에 대해서는 뒤에서 자세히 설명할게.

볼티모어 치과대학의 설립

뉴욕에 치과대학을 설립하고자 했던 엘리저 팜리와 설리먼 브라운의 노력은 처음엔 의사들의 반대에 부딪쳤어. 하지만 그들은 치의학 교육을 전문적으로 하는 기관을 만들고자 노력했고, 그 결과 1840년에 메릴랜드주에 채핀 해리스, 호러스 헤이든과 함께 세계 최초의 치과대학인 볼티모어 치과대학을 세우게 돼. 드디어 첫 치과대학이 탄생한 거야.

사실, 대학을 세우기 전에 먼저 의과대학에 치과대학을 만들거나 의과대학 내부에 치의학 학과를 설립하자고 제안했었는데 거절당했어. 그래서 독자적인 형태로 치과대학을 신청해 주에 인가를 받은 거야. 한마디로 의과대학에서 같이 하길 원치 않으니 따로 치과대학을 설립하게 된 거지. 결과적으로 의사와 치과의사 면허가 따로 인정받게 되는 계기가 되었어.

메릴랜드주는 볼티모어 치과대학에 '치과 외과의사(Doctor of Dental Surgery, D.D.S.)'라는 학위를 부여할 수 있는 권한을 주었고, D.D.S.라는 학위가 여기서 시작해. 오늘날 한국에서도 치

세계 최초의 치과대학

볼티모어 치과대학
치과도 이제 학교에서 배울 수 있어!
우리는 신입생!
신입생 5명이 잘 지내보자!

과의사에게 이 D.D.S. 학위를 주고 있어. 외과라는 말이 들어
간 학위 이름처럼 치과의사 면허는 단순히 치아를 깎는 치료
뿐 아니라 목 위, 얼굴 부분에 대한 수술까지 역할을 포함하
지. 그리고 한 가지 덧붙이자면, 볼티모어 치과대학은 현재 메
릴랜드대학교 치과대학으로 바뀌었어.

볼티모어 치과대학이 문을 연 첫 해에 등록한 학생은 총 5
명이었어. 굉장히 적은 수로 시작했지? 교육 과정은 2년이었
고, 개원 치과에서 보내는 실습 기간도 있었어. 지금도 치과대
학은 기초 공부를 하는 학년과 실습 학년이 나뉘어져 있거든?
졸업 전에 각 대학의 '치과대학 병원'에서 선배 치과의사들의
수련 과정과 교수님들의 치료를 보면서 실습하는 기간을 갖
는데, 이것의 시초라고 볼 수 있어.

볼티모어 치과대학이 생기고 5년 뒤에 치과대학이 2개가
더 생겨나는데, 오하이오 치과대학과 펜실베이니아 치과대학
이었지. 27년 뒤인 1867년에는 드디어 종합 대학교 안에 최초
로 치과대학이 생기는데, 그 학교가 바로 하버드대학교였어.

이후로 여러 치과대학이 생겨나고 치과의사가 전문적인
직업으로 인정받았을 것 같지? 아니, 안타깝게도 기존의 의과
대학과 의사들은 여전히 치과대학을 인정해 주지 않았어.

쉽지 않았던 전문직이 되는 과정

치과대학이 생겼으니 치과의사가 전문적인 직업으로 '짜 잔' 하고 변신했을 것 같잖아? 근데 그러지 못했어. 왜냐하면 아직까지는 대학 교육을 받지 않은 치과의사들이 더 많았고, 단기간에 눈으로 보고 익혀서 단순 기술자로 일하는 사람들 이 있었기에 치과는 '주먹구구식 치료'라는 편견이 여전했기 때문이야.

물론 기존 의과대학에는 치과 진료도 같이 하던 의사들이 있었어. 하지만 이들은 치과에 별도로 졸업장을 주는 것을 좋아하지 않았지. 일종의 텃세로 볼 수 있는 일화가 하나 있어. 펜실베이니아대학교의 치과대학을 설립하는 과정에 신설 학과로 53명의 학생을 등록받아서 교육을 막 준비하고 있었거든? 치과 교수진이 의과대학으로 가서 치과 체어를 설치할 수 있는 공간이 어디냐고 물어봤는데, 의과대학의 경비원이 팔짱을 끼고 아주 무례하게 지하실을 가리켰다고 해. 그래서 교수진은 지하실에 겨우 진료실과 치과 치료에 필요한 여러 재료를 가공하는 기공실을 마련할 수 있었어. 심지어 강의실도 준비되어 있지 않아서 생리학 연구에 쓰던 개 사육장에서 강의했다고 하니, 정말 쉬운 과정이 아니었지.

물론 모든 의과대학 교수들이 이처럼 반대했던 것은 아니야. 하버드 의과대학 구성원들은 신설되는 치과대학의 교수진들을 도와주었어. 교수로서 수업을 해 주며 봉사하고, 임상 교육을 위해 쓸 수 있도록 매사추세츠 종합병원의 한 공간을 내어 주기도 했지.

치과대학이 많이 생겨났지만 첫 치과대학이 생긴 지 30년이 지난 1870년까지도 여전히 전국의 치과의사 중 85퍼센트는 대학을 나오지 않은 사람들이었어. 도제 수업을 받고 치과의사가 되거나 자칭해서 치과의사가 될 수 있었거든. 기존에 치과대학이 없던 시절부터 치과의사로서 진료하고 있던 사람들은 자기 자리를 위협받게 되니 치과대학 졸업장이 있어야 한다는 요건에 반대했지. 이런 현상은 치과대학뿐 아니라, 의과대학도 마찬가지였어. 하버드 의과대학도 1871년에야 5년 임상 경력이 있는 사람을 1년 교육 받은 것으로 동일하게 봐주던 관행을 폐지했지.

의과대학보다 약 10년 정도 늦긴 했지만, 치과계도 치의학 교육에 큰 변화를 가져다 줄 개혁을 맞이하게 돼. 1884년까지 미국에는 총 28개의 치과대학이 생겼는데, 이 치과대학의 대표자들이 모여서 동일한 졸업 기준을 만들기 위해 '치과대학 교수협의회'를 만든 게 그 시작이었지. 교수협의회에서는 모든 치과대학 학생들이 입학 전에 예비 시험을 통과해야 한다고 정했고, 2년간의 정규 강의를 듣도록 했어. 그리고 임상 수업은 외부의 개인 클리닉에서 수료한 것은 인정하지 않고 치과대학의 진료실에서 수료한 것만 인정했지. 차츰 체계를 갖춰 나가기 시작한 거야.

치의학 교육의 상향 평준화

1883년에 설립된 '치과의사 시험관협의회'는 치과의사 면허 시험의 기준을 설정하고 규제 입법을 추진하는 데 도움을 주었어. 필기 시험으로 치과의사가 되는 기준을 만들고, 각 주에서 임의로 졸업장이나 학위를 주는 관행을 없앤 거야. 그 전에는 주마다 치과의사 면허를 주는 기준이 달랐고, 교육의 질이 떨어지는 치과대학도 있었거든. 어떤 곳은 면허를 빌미 삼아 상업적으로 졸업장 장사를 하기도 했어. 그런데 면허의 문턱을 높이면서 좋지 않은 치과대학이 우후죽순 생겨나는 것도 막고 교육의 질도 높인 거지. 즉 질과 능력 면에서 차이 없이 상향 평준화한 거야.

그리고 각 치과대학의 교수 구성에도 최소 요건을 내세웠는데, 대학마다 필수 학과의 교수진을 꼭 충족하라고 조건을 걸었어. 그러자 학교의 수업과 교수진 구성, 면허 시험, 물리적인 시설까지 전체적으로 손보면서 치과의사 양성에 새 바람이 불게 되지. 흩어져 있던 치과의사들이 똘똘 뭉쳐서 동일한 교육 기준을 만들고, 면허 시험의 기준도 전국 단위로 갖추기 시작한 것을 계기로 무시받았던 치의학 교육의 위상이 높아졌어. 또한 단순히 기계적인 기술이 아닌, 생물학을 기반으

치과의사 면허 시험장
치과대학 졸업도 했고, 이제 이 시험만 보면 나도 정식 치과의사야.
기대된다!
치과의사 면허증 
나도 치과의사 면허가 생겼어.
치과의사 면허증
이제 나도 치과의사!

로 한 기초 의학 교육에 힘을 쏟으면서 치과 교육이 의학 교육의 반열로 올라가게 되었지.

한국의 치과의사 시험은 어떨까?

우리나라에는 전국에 11개의 치과대학이 있어. 예전에는 수능을 통해 치과대학에 입학한 후 예과 2년, 본과 4년으로 6년 과정을 거친 후 치과대학을 졸업했지. 그러다 2005년 일부 대학에 치의학 전문 대학원이 도입되면서 정규 대학 4년에 치의학 전문 대학원 4년, 총 8년 과정도 생기게 돼. 현재는 6년 과정과 8년 과정이 섞여 있어.

하지만 이 두 과정을 졸업했다고 바로 치과의사가 되는 것은 아니야. 졸업 후 치과의사 국가 시험에 합격해 보건복지부 장관의 면허를 받아야 법적으로 진료할 자격을 얻게 되지. 외국에서 치과대학을 나온 사람도 시험에 응시할 수 있는데, 해외 모든 나라가 가능한 것은 아니고 보건복지부 장관이 인정한 대학일 경우에만 한국 치과의사 시험에 응시할 수 있어.

한국에서 최초로 치과의사 면허를 받은 사람은 함석태 선생님으로, 1912년에 일본 치과의학전문학교를 졸업했고, 1914년에 총독부 치과의사 면허 1호를 취득했어. 한국 치과의사 면허는 무려 111년 이상의 오랜 역사를 갖고 있는 거지.

교육 기관의 수준을 더 끌어올리다

19세기 말 치과의사들이 교육 과정과 면허 시험의 문턱을 높이는 일을 했다고 말했지? 그럼에도 불구하고 치의학은 의학의 교육 체계와 비교할 때 '기초 과학'에 대해 충분히 교육받은 학생이 여전히 부족했어. 즉, 치과 기술을 교육하는 것뿐 아니라 질병에 대한 근본적인 이해와 예방 및 치료법을 과학적으로 연구할 수 있는 인재가 있어야 치과계가 발전하는데,

기초 과학의 체계적인 교육이 부족해 과학자를 양성하기 어려웠던 거지.

그리고 20세기 초에는 치과대학이 종합 대학과 사설 대학으로 구분되었는데, 사설 대학의 경우 상업적인 목적으로 급하게 생겨났기에 종합 대학에 속한 치과대학과 교육의 수준에서 차이가 많이 났어. 이러한 현상은 의과대학도 마찬가지였지. 20세기 초에 150여 개의 대학에서 매년 5000여 명의 졸업생이 쏟아져 나왔고, 의과대학은 돈을 벌기 위한 수단으로 많은 학생을 받았기 때문에 궁극적인 의학 발전에는 관심이 없었어. 1906년에 미국 의사협회가 자체적으로 모든 의과대학을 조사한 적이 있었거든? 조사 결과 50퍼센트 이상이 미국 의사협회 기준에 미치지 못했지. 등급으로 평가한 결과는 더 처참했어. 미국 의사협회는 이 문제를 해결하기 위해 보다 객관적으로 평가할 수 있는 기관인 카네기재단(CFAT)에 의학 교육에 대한 조사를 의뢰해.

카네기재단은 1905년에 '철강왕' 앤드루 카네기(Andrew Carnegie)에 의해 설립된 재단으로, 미국 교육 시스템의 발전에 중추적인 역할을 했어. 카네기는 고등 교육에 해당하는 대학교 교수진들이 낮은 급여를 받고 미래가 불분명한 것을 보며,

이들을 위한 연금 기금을 마련하고자 재단을 설립했지. 그런데 어떤 학교가 좋은 교육 기관으로서 자격이 있는지 판단을 해야 연금을 제대로 줄 수 있잖아? 그래서 카네기재단은 대학 입학 요건부터 교육 커리큘럼, 시설, 평가 방법 등을 조사하는 독립적인 기관으로 활약하게 된 거야.

카네기재단은 미국 의사협회의 의뢰로 의학 교육을 객관적으로 평가하기 위해 1910년에 존스홉킨스대학교 출신 교육 개혁가인 에이브러햄 플렉스너(Abraham Flexner)를 고용했어. 이 프로젝트를 〈플렉스너 보고서(The Flexner Report)〉라고 부르지. 그는 미국과 캐나다 155곳의 의과대학을 직접 방문해 의학 교육의 현황을 파악하고, 신랄하게 비판하거나 좋은 점을 칭찬했어. 특히 상업적인 의과대학들의 엉망인 상황을 폭로하며, 실험실이 너무 더럽고 교육 기관으로 여길 수 없을 정도라고 평가했지. 반대로, 존스홉킨스를 포함한 몇몇 대학교는 뛰어난 성과로 찬사를 받기도 했어. 이 보고서가 발표되면서 상업적인 대학들, 대체의학을 위한 의과대학들은 지명도가 낮아지면서 지원자가 부족해 문을 닫게 돼. 그 결과 의과대학 입학 정원은 5000명에서 3500명으로 줄어들었고, 의학 교육의 표준이 만들어지며 그 가치를 높이기 시작했지.

치과 교육 발전을 위한 보고서

〈플렉스너 보고서〉는 치의학 교육계에도 큰 반향을 불러일으켜. 치과도 늘 '상업주의'라는 오명을 씻고 싶어 했거든. 그래서 〈플렉스너 보고서〉를 모델로 미국과 캐나다의 치과대학을 대상으로 새로운 프로젝트가 카네기재단의 지원을 받아 시작되지. 이 프로젝트가 〈가이스 보고서(The Gies Report)〉야. 콜롬비아대학교의 생화학 교수 윌리엄 가이스(William Gies)가 연구 책임자로 선정되며 붙여진 이름이지. 그는 치과의사가 아니었지만 충치와 관련 있는 타액을 연구한 사람으로 치의학 교육에 대한 이해도가 높아 책임자로 적격이었어.

가이스는 5년 동안 미국 치과대학 44곳, 캐나다 치과대학 5곳, 총 49곳의 치의학 교육자 수백 명을 면담하고 치과대학의 교육 체계도 조사해. 긴 시간 동안 정리한 자료들을 바탕으로 그는 20세기 치의학 교육의 발판이 될 〈가이스 보고서〉를 발간하지.

이 보고서에는 치의학이 독자적인 전문직으로 거듭나기 위해 필요한 조건들이 정리되어 있어. 치과 치료를 하려면 입안에서 드릴 사용은 물론 여러 기계적인 기술과 재료에 대한 교육이 필수인데, 기초 의학이 바탕이 되어야 환자의 전신 건

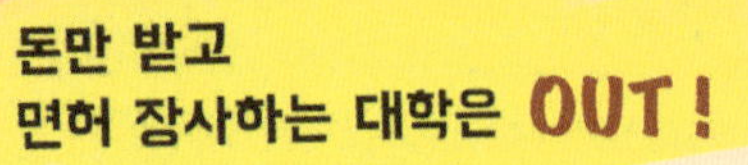

돈만 받고
면허 장사하는 대학은 OUT !

모든 치과대학 교육이
이 정도는 충족되어야 해.

가이스
보고서

치과 교육의
미래가 밝아 !

든든해 !

강에 따라 달라지는 구강과 치아의 질병을 포괄적으로 이해하고 발전할 수 있다고 가이스는 생각했지. 그리고 높은 수준의 교육을 제공하는 종합 대학교 소속의 치과대학에서 시행 중인 조건들을 가장 교육 체계가 취약한 대학도 충족할 수 있어야 한다고 주장했어. 이 조건들에 부합하지 못하는 치과대학은 폐지하고, 어느 치과대학을 졸업하더라도 전문 의료진으로 거듭날 수 있도록 깐깐한 기준을 세우게 된 거야.

이처럼 역사적으로 아주 오랜 기간 동안 이어진 많은 사람의 누력과 헌신 더에 치과의사는 현재 전문 직업군으로 인정받게 되었지.

아말감을 사용하면 돌팔이라고?

치과에서 사용하는 아말감이라는 재료를 혹시 알고 있니? 현재 한국의 청소년 중에는 아말감 치료를 받은 사람이 많지 않을 거야. 요즘엔 사용을 잘 안 하는 재료거든. 아말감 사용에 문제가 있어서가 아니라, 다른 좋은 재료들이 많이 개발되어서 한국에서 사용이 줄어든 것뿐이야. 해외에서는 아직도 사용하는 곳이 많아. 부모님이나 주변 어른들 중에는 아말감 치료를 받은 사람이 꽤 많을 거야.

아말감은 '혼합'을 뜻하는데, 치과에서 사용하는 아말감은 여러 금속을 혼합해 만든 재료여서 이런 이름이 붙었어. 은, 주석, 구리를 포함한 분말 형태의 합금과 액체 수은을 기계로 혼합하면 꾸덕한 형태가 돼. 치과의사는 굳기 전인 이 혼합물을 치아의 충치를 파내고 비어 있는 공간에 꾹꾹 눌러서 다져 넣지. 이렇게 넣은 혼합물은 몇 분이 흐르면 서서히 굳어서 단단한 금속 고체 형태가 되는데, 1시간 정도면 충분한 강도와 경도를 갖게 되는 특이한 물성을 가진 재료야.

1816년에 프랑스의 치과의사 오귀스트 타보(August Taveau)는 녹인 은화에 소량의 수은을 섞어 처음으로 치과 아말감을 만들어 냈는데, 치아에 적용해 보니 이 아말감 조합은 불안정하고 팽창하는 경향이 있었어. 충치를 제거하고 생겨난 공간에 채워 넣은 재료가 너무 많이 팽창하면 어떨 것 같아? 안 그래도 충치로 아팠던 치아에 통증이 생길 수 있고, 부피가 불규칙적으로 변할 테니 안정성이 떨어지는 재료라고 봐야겠지? 이처럼 타보의 아말감은 안정적이거나 완벽한 형태의 재료는 아니었어. 하지만 그래도 당시에 금이나 다른 귀한 금속에 비해 훨씬 싸고 적용이 쉽다는 장점이 있었지. 비싸서 치료를 못

받던 이들에게는 희소식이었고.

지금의 아말감은 꽤 오랜 역사와 임상 지식이 축적된 안전한 재료지만, 처음부터 모두에게 환영받았던 재료는 아니었어. 치과의사들은 아말감 사용에 대해 오랜 시간 논쟁을 벌였고, 1841년부터 1855년까지 15년간 '아말감 전쟁'이라는 극렬한 대립을 해. 아말감으로 어떻게 전쟁이 벌어졌냐고? 아니, 아말감 전쟁은 실제로 총을 쏘고 싸우는 전쟁을 말하는 게 아니라, 서로의 이익을 챙기기 위한 집단 간의 갈등을 의미해.

1833년, 에드워드 크로커(Edward Crawcour)와 그의 조카 모지스 크로커(Moses Crawcour)는 미국에 치과용 아말감을 처음 들여와 치아를 채우는 새로운 재료라고 사람들에게 광고했어. 귀하고 비싼 금박보다 가격이 저렴하고 사용이 쉬워서 널리 이용되었는데, 무자격자들이 이걸 많이 사용하면서부터 문제가 생기기 시작했지. 1840년에 미국에서 최초로 설립된 치과학회였던 미국외과치과협회에서 아말감 사용을 '부적합한 치료'로 규정해 사용하지 말라고 결정한 것이 아말감 전쟁의 시작이었어.

엘리저 팜리, 엘리샤 베이커, 채핀 해리스 등 당시 유명한 치과의사들은 "수은을 포함한 재료는 치아와 입의 모든 부분

Amalgam War
아말감 좋은데 왜 못쓰게 해 !
금으로만 치료하라고 !
아말감 파
반아말감파
아말감 쓰게 하라!
Gold OK ! 아말감 NO !

에 해롭다"라고 표현했지. 아직 이론적으로 많은 자료가 보고되지 않은 상태에서 무자격자들이 무분별하게 충전 치료를 하는 것을 막아야 한다고 본 거야. 아말감을 반대하는 사람들은 아말감에 포함된 수은이 체내에서 어떻게 반응할지 모르기 때문에 위험한 재료라고 주장했어. 아말감을 쓰는 이들을 '돌팔이'라고 부르기까지 했지.

사실, 아말감은 조작이 간편하고 내구성도 좋아서 졸업장이 없는 무자격자만 사용했던 것이 아니라, 치과의사들도 대중적으로 사용했던 재료였어. 하지만 1844년에 아말감을 절대 사용하지 않겠다는 서약서에 서명하지 않을 경우 회원에서 추방된다고 협회에서 으름장을 놓기까지 했지. 위험한 재료라는 정확한 연구 결과 없이 아말감을 사용하지 말라고 강요하니, 그 재료를 계속 쓰고 싶었던 치과의사들은 협회에서 대거 탈퇴하는 상황이 벌어졌어. 1847년에는 뉴욕의 치과의사 200명 중에 5명만 협회에 남았다고 하니, 대단한 사건이었지?

협회에 사람이 없으니 어떻게 되었겠어? 결국 단체를 유지할 수 없었고, 최초의 치과의사 조직이었던 미국외과치과협회*는 1856년에 해산되면서 아말감 전쟁은 끝이 나게 돼.

새로운 재료 레진의 등장

지금도 '치과 치료' 하면, 비싼 가격을 떠올리게 되잖아. 옛날에도 치과에서 사용하는 재료들은 귀금속을 포함해 비싼 것들이라서 치과의사들은 어떻게 하면 싸게 치료할 수 있을까를 늘 궁리했어. 그때 금 충전 재료 대신 등장한 것이 아말감이었고, 아말감에 포함되어 있는 수은 성분은 2000년까지 150년 넘게 논쟁의 중심에 놓였지.

아말감 전쟁이 끝난 후에도 아말감 사용을 두고 싸움이 계속되었어. 아말감 사용을 반대하는 의사들은 아밀감이 신경 중추에 영향을 주고, 피부 질환, 정신적 파탄에까지 이르게 한다고 주장했지. 안전한 금을 사용하면 되는데 수은이 포함된 아말감을 굳이 사용할 필요가 없고, 수은 알레르기 반응에서 100퍼센트 자유로울 수 없으니 사용하지 말자고 한 거야. 이후로 아말감에 포함되어 고체 화합물로 존재하는 수은이 인체에 직접적인 위험을 초래하지 않는다는 연구 결과가 1990년대에 나왔지만, 이들에게는 소 귀에 경 읽기였지.

* 현재 미국치과의사협회(American Dental Association; ADA)는 아말감 전쟁으로 없어진 미국외과치과협회(ASDS)와는 다른 단체이다. 미국외과치과협회는 1840년에 생겼다가 1856년에 아말감 전쟁으로 없어졌고, 이후 설립된 미국치과의사협회(ADA) 는 1859년부터 현재까지 존재한다.

　관련 연구 결과에 따르면 수은은 증기 형태로 공기 중에 고농도로 축적될 때 위험한 재료이지, 환자 입안에서 고체 충전물 형태로 있을 때에는 이온이나 증기 형태로 노출되지 않기 때문에 위험하지 않다는 결론이었어. 그러함에도 불구하고 수은 공포는 계속되었고 끝까지 반대하는 이들이 존재했지. 이후 사용이 간편하고 치아의 색과 비슷한 재료인 레진이 등장하면서 아말감에 대한 논쟁과 갈등은 점차 사라졌어. 사용하지 않으니 싸움이 자연스럽게 줄어든 거야.

틀니의 새로운 재료, 가황 고무

틀니가 뭔지는 앞에서 말했지? 잇몸에 끼웠다 뺐다 할 수 있는 인공적으로 만든 이를 말하는데, 치아가 많이 빠진 사람에게 하는 치과 치료 중의 하나야. 의치라고도 부르지.

치아가 한두 개 빠지면, 빠진 공간 옆의 치아를 깎아서 브릿지라는 보철물로 빠진 공간을 대체할 수 있어. 하지만 너무 많은 수의 치아가 빠지면 이 치료를 할 수 없지. 대신 잇몸의 굴곡과 흡착을 이용해 뺐다 꼈다 하는 방식으로 가짜 치아를 자연 치아인 양 보이게 만드는데, 이것이 바로 틀니야. 치아가 몇 개 남아 있는 경우 이용하는 부분 틀니(탈착식 부분 틀니)와 모든 치아가 빠졌을 경우 잇몸을 통해 지지를 얻는 전체 틀니 (완전 틀니)로 나뉘지.

18세기 이전에는 동물의 뼈와 상아 등을 조각해서 틀니의 밑판을 만들었고, 18세기부터는 금, 백금과 같은 귀금속을 사용했는데 비싸서 돈이 많은 사람들만 치료를 받을 수 있었어. 이후 치아와 잇몸을 덮는 밑판까지 통째로 도자기로 제작한 틀니가 나왔지만 무겁고 깨지는 문제가 있었지.

19세기에 들어서면서 새로운 재료를 이용해 틀니를 만들었는데, 이때 등장한 재료가 바로 가황 고무야. 우리가 평소에 사용하는 고무를 생각하면 탄성 있는 물질이 떠오를 거야. 1490년대, 콜럼버스가 아메리카 대륙을 탐험할 때 원주민이 나무의 수액으로 만든 탄력성 있는 공을 사용하는 것을 보고 처음 고무를 발견하게 돼. 인디언들은 그 수액을 고무신, 물병을 만드는 데 사용했고, 미국과 유럽에서는 지우개로 사용했는데 이때 쓰던 고무는 온도가 낮아지면 딱딱해져 부서지기 쉽고, 더운 날에는 끈적이는 불쾌한 특성이 있었지.

고무
Rubber
단단한 고무를
만들어 봐야지!
황
Sulfur
가황 공정
Vulcanization
가황 고무 틀니
그것 참 탐나는걸?
내가 특허를 가져와야지!

이러한 고무의 단점을 보완하기 위해 찰스 굿이어(Charles Goodyear)는 1839년에 고무 생산 기술을 개발해. 그리고 1851년엔 그의 형제인 넬슨 굿이어(Nelson Goodyear)가 고무의 내구성을 향상시키는 가황 공정을 발명하지. 굿이어의 가황 고무는 인도 고무인 라텍스를 황과 함께 고온에서 가열해 만든 단단하고 탄력이 있는, 개선된 성질을 가진 고무였어. 넬슨 굿이어는 이 공정으로 특허를 받고, 1864년엔 자신의 이름으로 회사도 세우지.

한편 존 커밍스(John A. Cummings)는 자신이 가황 고무 공정을 치과 틀니에 처음 사용했다고 주장하며, 특허를 받으려고 계속 노력했어. 특허 신청은 여러 번 거부되었지만 커밍스는 포기하지 않았고, 재무 담당자 베이컨(Josiah Bacon)의 지지로 1864년에 마침내 특허를 받게 돼. 10여 년간 끈질기게 특허를 요청한 결과였지. 커밍스는 그다음 해에 어렵게 받은 이 특허를 베이컨에게 팔아 버려.

틀니 로열티로 돈 좀 벌어 볼까?

문제는 이 특허를 베이컨이 소유하게 되면서부터 발생해. 베이컨이 특허를 갖기 전인 1850년대에는 굿이어 측에서 특허를 사용할 권리와 고무를 치과의사에게 돈을 받고 팔았었어. 만약 돈을 안 내고 특허를 사용한 경우에도 대부분 재판 없이 합의해 주어서 일부 치과의사들은 특허를 무시하고 치료에 사용했지. 하지만 특허의 새로운 주인이 된 베이컨은 이를 봐주지 않았어. 정보원을 고용해 이 기술을 몰래 사용한 치과의사들에게서 돈을 받아 냈고, 10년 동안 많은 치과의사들을 고소했지.

치과 사학자인 말빈 링은 이 사태를 "치과의사가 겪은 가장 심각한 박해 중 하나"라고 표현했을 정도야. 치과의사와 베이컨은 수많은 법정 다툼을 했어. 그러던 중 도재 치아를 만들었던 미국의 치과의사 화이트가 베이컨이 원고와 피고 양측 모두의 변호사를 고용해서 조종했던 것을 알아내고, 탄원서를 내면서 항소했지. 하지만 1877년, 대법원은 최종적으로 커밍스의 특허가 유효하다고 판단해 베이컨의 손을 들어 주면서 기나긴 법정 싸움은 끝이 나게 돼.

치과의사 대부분은 법원의 판결에 순응하고 베이컨에게 로열티를 냈지만, 이 중엔 특히 반감을 가진 치과의사가 있었어. 새뮤얼 칼판트(Samuel Chalfant)였지. 그는 1873년에 델라웨어주 윌밍턴에서 운영하던 첫 번째 치과를 폐업하고, 2년 뒤에

세인트루이스에 연 치과도 문을 닫게 돼. 베이컨에게 돈을 지불하는 것이 불합리하다고 생각했던 그는 1879년, 베이컨이 묵고 있는 호텔을 찾아가 권총으로 그를 살해하기에 이르러. 서로의 이익을 쫓다 원한을 사게 된 결과가 참 무섭지?

이후 특허가 출원된 지 17년 만인 1881년에 특허권이 만료되고, 베이컨의 죽음으로 치과의사들은 틀니 특허에서 자유를 얻게 돼. 6년간 감옥살이를 한 칼파트는 사면된 후 샌프란시스코로 돌아가서 다시 치과의사를 하며 살아가지.

19세기 후반, 기술이 발달하면서 조금만 새로운 것을 발견해도 사람들은 특허를 신청하고 돈 벌이로 생각했어. 그러다 보니 과학과 치과 기술이 주춤하게 됐지. 여기엔 특허 전문 변호사의 부추김도 한몫했어. 1930년대에 지금 사용하는 아크릴 수지가 등장하기 전까지 약 100년 동안 사용되었던 가황 고무의 발견은 특허권과 산업화로 큰돈을 벌 수 있는 기회였지만, 과한 욕심으로 인해 안타까운 비극을 낳기도 했지.

아산화질소(웃음 가스) 마취의 발견

마취가 없던 시절에는 어떻게 치료했을까? 과거에는 수술이나 발치를 깨어 있는 상태에서 했다는 걸 생각하면, '마취'의 발견이 얼마나 고맙게 느껴지는지 몰라.

당시엔 고통을 그대로 느끼면서 받는 수술이 마치 고문처럼 느껴져서, 통증을 없애는 방법을 찾기 위해 약초, 최면술 등 수많은 시도를 해 왔어. 그러던 중 통증 없는 발치를 꿈

꾸던 치과의사 두 사람이 전신 마취의 발견에 중요한 역할을 하게 돼. 바로 호러스 웰스(Horace Wells)와 윌리엄 모턴(William Morton)이야. 웰스는 '웃음 가스'인 아산화질소(N2O)로, 모턴은 에테르(Ether)로 전신 마취를 이용한 치료를 독자적으로 시작했지.

아산화질소가 웃음 가스라는 이름이 붙은 이유는 흡입하면 불안감이 줄어들고 기분이 좋아져서야. 마취되면 환자의 불안감이나 통증은 감소하고, 치료 과정에서 환자에게 좋은 협조를 받을 수 있지. 또한 음식이나 이물질이 기도로 넘어가지 않도록 몸이 반응하는 현상인 구역 반사가 감소하기도 해.

1844년에 웰스는 부인과 함께 행사에 참석해서 오락거리로 제공한 웃음 가스를 흡입한 사람들을 보게 돼. 그 자리에서 자신의 치과 환자였던 샘 쿨리도 만났는데, 그가 가스를 흡입한 상태에서 뛰어다니다가 다리를 다쳤는데도 통증을 잘 느끼지 못하는 거야. 그 모습을 보고 치과 치료도 무통으로 할 수 있겠다 싶어 다음 날 아산화질소를 본인의 몸에 사용해 보기로 결심하지.

웰스는 행사에서 웃음 가스 파티를 했던 콜턴 교수를 치과로 불러 웃음 가스를 흡입했어. 그리고 당시 치과에 견습생으로 있던 존 리그스에게 사랑니를 뽑아 달라고 했지. 웰스는 발치할 때 통증이 전혀 느껴지지 않는 것을 경험했고, 이후 리그스와 함께 많은 환자에게 웃음 가스를 이용해서 발치하게 돼.

웰스는 자신의 새로운 발견을 의료계에 널리 알리고 싶었어. 하지만 웰스가 살던 도시에는 큰 병원이 없었지. 그래서 그는 예전에 자신의 치과 견습생이었던 모턴을 통해서 보스턴에 가기로 해. 웰스는 10여 명의 환자들에게서 치아를 뽑을 때 웃음 가스의 효과를 봤기 때문에 확신에 차 있었거든.

웰스는 공개 시연회를 열어 의과대학의 교수들과 학생들 앞에서 환자에게 가스를 투여하고 발치를 시작하였는데, 이게 웬일! 환자가 발치하는 동안 소리를 지르고 고통스러워하는 거야. 웰스는 웃음 가스의 양이 충분하지 않았다 설명했고, 환자도 시연이 끝난 후엔 통증이 느껴지지 않았으며 치아가 뽑히는 것도 몰랐다고 말했지만 시연은 완전히 실패로 돌아갔어. 웰스는 청중들로부터 비웃음을 사고 사기꾼이라는 비난을 받게 되었지. 이후 오명을 쓰게 된 웰스는 재정적인 어려움을 겪다가 결국 치과와 실험을 접고 유럽으로 여행을 떠나.

그런데 시연의 실패에도 불구하고 웰스가 무통 발치를 했다는 소문이 퍼지면서 소식을 들은 파리의 의학계가 무수한

웰스의 웃음 가스 시연회
혼자 할 때는
마취가 잘 됐었는데….
으아 !
너무 아파 !
어 ? 깨니까
괜찮은데 ?
치아
툭 !
N₂O
웃음가스
완전
사기꾼이잖아 !
가자 !
순 거짓말쟁이 !
휙 !

강의 요청을 해 오지. 비슷한 시기에 모턴의 에테르 발견도 같이 알려지면서 누구의 발견이 먼저인지에 대한 논란이 생겼어. 그래서 웰스는 중단했던 실험을 다시 시작했고, 자신의 발견이 먼저인 것을 주장하기 위해 더 많은 수술을 하며 우선권을 주장하지.

하지만 웰스의 견습생이었고 웰스의 의과대학 공개 시연까지 봤던 모턴은 이미 하버드대학교 교수였던 찰스 잭슨과 함께 자신들이 먼저 마취를 발견했다고 주장하며 특허까지 신청한 상태였어. 실망한 웰스는 1847년에 뉴욕으로 넘어가 치과를 열고 처음 사용했던 아산화질소뿐 아니라 에테르, 클로로폼으로도 마취를 해 보면서 여러 경험을 쌓기 시작해.

웰스는 치과 치료 외에도 허벅지 절단 수술과 지방종 제거 수술에도 아산화질소를 사용했는데, 애석하게도 같은 해에 뉴욕에 있는 병원 의사들 앞에서 마취를 시연할 때 또 한 번 마취 실패를 겪게 되면서 큰 충격을 받아. 이후 뉴욕의 허름한 동네에서 홀로 살아가던 웰스는 부작용 때문에 현재는 사용하지 않는 클로로폼을 이용해 실험을 계속했고, 매춘부 2명에게 황산을 던진 혐의로 체포되어 감옥 생활을 하게 돼. 그리고 감옥에 갇힌 이후 얼마 되지 않아 자신이 실험하던 마취제인 클로로폼을 흡입한 뒤 스스로 허벅지의 동맥을 면도칼로 끊어 생을 마감하는 비극적인 결말을 맞게 되지.

그가 생을 마감하기 12일 전에 파리의학협회에서는 고통 없는 수술법을 발견한 공로를 인정해 그를 표창했고 명예 회원으로 선출했지만, 그 시절엔 지금처럼 연락이 빠르지 않았기에 안타깝게도 그는 알지 못했어. 1864년에 미국치과의사회도 웰스를 최초의 마취 발견자로 인정했지만, 이미 그가 죽은 지 15년도 더 지난 뒤였지. 만약 살아 있을 때 업적을 인정받았다면 이야기의 결말은 조금 더 아름다웠을까?

에테르를 수술 마취제로 처음 사용하다

'에테르의 날(Ether Day)'은 1846년 10월 16일로, 미국 보스턴 매사추세츠 종합병원에서 윌리엄 모턴이 수술 시 통증을 없애는 수단으로 에테르 증기를 흡입하는 걸 시연한 날을 기념해. 모턴은 에테르를 처음 발견한 사람도 아니고, 에테르를 이용해서 처음 수술을 시도한 최초의 인물도 아니지만, 역사상 적절한 시기에 적절한 장소에서 많은 사람에게 자신이 실험해 오던 물질을 투여해 성공적인 시연을 보인 사람이었지.

모턴은 볼티모어 치과대학에서 치과 경력을 쌓기 시작했어. 학위를 끝내지 않은 상태로 1841년에 하트퍼드의 치과의사였던 호러스 웰스와 함께 일했지. 웰스에게 치과 기술을 배운 그는 2년여간 파트너로 일하다가 보스턴으로 떠나게 돼. 이후 모턴은 하버드 의과대학에서 여러 수업을 들으면서, 유명한 의사이자 화학자였던 찰스 잭슨과 친하게 지내며 학문과 지식을 나누지. 그 당시 모턴은 틀니 치료를 할 때 치아를 모두 빼야 장치가 잘 맞기 때문에 전체 치아를 빼고 싶었지만, 환자 대부분은 큰 고통 때문에 하고 싶어 하지 않았어. 그래서 발치의 통증을 어떻게 하면 감소시킬지를 고민하다 찰스 잭슨에게 에테르에 대해 듣고 1846년에 키우던 애완동물과 자신에게 실험해 봤지만 결과를 신뢰할 수 없었지.

그러던 중 잭슨이 공업용 에테르 대신 화학적으로 정제된 순수한 황화 에테르를 사용하면 더 결과가 좋을 거라고 이야기해 줘. 그래서 모턴은 정제된 에테르로 자신과 조수에게 추가적으로 실험했고, 자신감을 얻게 되면서 이 방법을 누군가가 가로챌까 봐 두려워졌지. 그래서 그는 에테르의 정체를 밝히지 않고 레테온(Letheon)이라는 새로운 물질을 발견한 것처럼 거짓말해. 오렌지 오일을 첨가해서 에테르 특유의 냄새가 나지 않도록 해서 대중을 속였지. 에테르 마취에 대해 특허를 받으려는 속셈이었던 거야. 에테르는 어느 약재상에서나 쉽게 구할 수 있었거든.

1846년 9월, 손수건으로 환자에게 에테르를 흡입시켜 통증 없이 발치하는 데 성공한 모턴은 통증 없는 발치를 언론에 보도해 유명해져. 환자들이 끊임없이 몰려들어 직원을 추가로 고용해야 할 정도였지. 덕분에 돈과 막대한 명예를 얻었지만, 늘 시기하는 이들은 존재하잖이. 치과의사들은 그가 과학적 지식이나 신중한 실험 결과 없이 얕은 지식으로 마취해서 치명적인 부작용이 생길 수 있다며 트집을 잡기 시작해.

전신 마취를 둘러싼 독점권 논쟁

하버드 의과대학 교수이자 외과의사였던 헨리 제이콥 비겔로(Henry Jacob Bigelow)는 모턴의 무통 발치를 여러 차례 목격하고 이를 외과 수술에서도 사용할 수 있을 거라고 확신했어. 그는 모턴에게 이를 이용해 수술해 보라고 제안했지. 그래서 1846년 10월 16일, '에테르의 날'로 언급했던 바로 그날 모턴은 매사추세츠 종합병원에서 의사들과 하버드대학교 의대생

에테르의 날

깨면 안 되는데···.
ZZZ
윌리엄 모턴
오렌지 오일을 한 방울 넣으면 에테르인지 모르겠지?
레테온이라고 해서 특허 내야지.
쳇! 내가 알려 준 건데.
찰스 잭슨

들을 앞에 두고 환자의 목에서 종양을 제거하는 수술의 마취를 시연하게 돼.

사실 모턴은 시연회에서 실패해 웃음거리가 되거나 환자가 죽을까 봐 걱정을 많이 했어. 그 두려움에 시연회에도 정해진 시간보다 늦게 도착했지. 하지만 환자가 통증을 느끼지 않고 수술이 성공적으로 끝나면서 그는 더욱 유명해졌어. 마취(Anesthesia)라는 용어도 이날 하버드 의과대학 교수인 올리버 웬들 홈스(Oliver Wendell Holmes)가 모턴에게 처음 제시하면서 탄생한 거야.

시연회 이후 10일 뒤, 모턴은 특허를 신청해. 처음에는 본인 이름으로 단독 신청하려 했는데, 당시 법적 대리인이 존경받는 학자인 찰스 잭슨의 이름을 같이 올리면 특허 신청에 더 유리할 테니 공동 발견자로 포함시키자고 제안했지. 실제로 3주도 지나지 않아 바로 특허를 받게 돼.

모턴이 물질을 속여 가며 특허까지 받은 이유는 돈을 벌기 위해서였겠지? 그는 치과의사와 외과의사에게 특허 사용료를 받았어. 잭슨도 특허 수익의 일부를 받게 되었는데, 특허를 낼 당시에는 의료계의 비난을 우려해 자신의 이름을 빼 달라고 했었지. 그러다 시간이 지나 미국 의회에서 마취를 개발한 사람에게 10만 달러의 포상금을 주겠다고 하자 웰스와 모턴, 잭슨 모두 자신이 최초로 전신 마취를 발견했다고 주장하며 오랜 시간 기나긴 싸움을 하게 돼.

결국 세 사람은 모두 끈질긴 마취 독점권 논쟁으로 인해 정신적으로 피폐해지고, 건강도 잃게 돼. 웰스는 감옥에서 자살하고, 특허권을 따내 돈을 벌려고 했던 모턴은 오히려 가난한 여생을 보내다 1868년에 뉴욕 센트럴파크에서 뇌출혈로 죽음을 맞이하지. 잭슨은 어땠냐고? 그 또한 정신병원에서 여생을 마감해. 돈을 쫓는 인간의 탐욕이 뛰어난 발견자였던 세 사람의 삶을 어둡게 물들였다는 게 참 안타까울 따름이야.

콜로라도 아이들의 갈색 치아 얼룩

치과에 구강 검진을 받으러 가면, 검진 표에서 "불소 치약을 사용하고 있나요?"라는 질문을 본 적 있니? 치과에서 '불소 도포'라 해서 향이 나는 물질을 치아에 발라 놓고 30분간 방치하는 치료를 받아 본 사람도 있을 거야. 불소는 충치를 예방하는 성분을 가진 것으로 알려져 있어. 그래서 치약에 포함되어 있기도 하고, 치과에서 불소 농도가 높은 약을 치아에 발라 주는 거야. 이 불소의 발견 이야기는 좀 특별해. 처음부터 연구실에서 충치 예방 물질로 개발된 것이 아니었거든. 불소의 발견은 한 젊은 치과의사가 우연히 방문한 한 지역에서 치과 치료를 하다 주민들의 풍토병에 궁금증을 가지면서 시작되었지.

매사추세츠주에서 어린 시절을 보낸 프레더릭 섬너 맥케이(Frederick Sumner Mckay)는 16살 때 결핵으로 몸이 안 좋아져서 콜로라도로 여행을 간 적이 있었어. 당시에는 따스한 햇빛과 맑은 공기 때문에 결핵 환자들이 콜로라도로 요양을 많이 갔거든. 이후 그는 펜실베이니아 치과대학을 졸업하고 다시 건강이 안 좋아져서 1901년부터 콜로라도 스프링스에서 치과의사로 일을 시작하게 돼.

맥케이는 콜로라도에서 환자를 보면서 특이한 점을 발견해. 치과에 오는 환자들의 치아가 갈색과 하얀 반점으로 얼룩져 있는 거야. 다크초콜릿이 묻은 것처럼 얼룩져 있거나 수평의 띠 모양으로 나타나기도 했는데, 이 지역 사람들이 '콜로라도 갈색 얼룩'이라 부르는 현상이라는 걸 나중에 알게 되지.

다른 지역에서 이주해 온 치과의사였던 맥케이는 당시의 치과 책이나 연구에 이러한 현상에 대한 기록이 없어서 호기

콜로라도
알루미늄 광산
알루미늄
회사
동네 사람들의 치아에
흔히 있는 점인데
뭐가 이상하다는 거야 ?
나도 있는걸 !
분명 있어 !
이 지역에만
많은 이유 !
프레더릭 맥케이

심을 갖기 시작했어. 그런데 막상 지역 주민들과 동료들은 별
로 관심이 없는 거야. 이들은 단순히 음식 때문에 나타나는 현
상이라고 생각했거든. 돼지고기를 많이 먹고 좋지 않은 우유
를 마셔서 그런 거라고 여겼어. 맥케이는 로키산맥 전 지역의
치과에 편지를 보내 이러한 현상이 다른 지역에서도 나타나
는지 알아보려 노력했지만, 첫 시도는 무관심으로 인해 무산
되었지.

당시 콜로라도는 관광 사업으로 발전하고 있었어. 특히 온
천 지역은 주변 산맥에 금광, 광산이 발전하면서 10년 만에
인구가 2배 이상 늘었고, 미국 전체에서 가장 부유한 도시가
되면서 외부의 치과의사들도 상당수 유입되기 시작했지. 그
동안에도 맥케이는 연구를 멈추지 않았고, 다시 1908년에 콜
로라도 치과의사회에 임상 사례를 발표하면서 콜로라도 스프
링스 공립학교 학생들의 구강 검진을 위한 보조금을 받게 돼.
이때 2945명의 어린이 치아를 검사했는데, 87.5퍼센트라는
높은 비율로 치아에서 갈색 얼룩이 발견됐지. 이 현상이 나타
난 대부분의 어린이들은 콜로라도 스프링스와 그 주변 지역
출신이었어.

광산 지역에서 발견한 충치 예방 성분, 불소

맥케이는 '콜로라도 갈색 얼룩'이라는 표현보다 '법랑질 반점'이라는 말을 더 즐겨 썼어. 그는 이 법랑질의 이상 현상에 대해 더 깊이 연구하기 위해 당시 유명했던 노스웨스턴 치과대학의 병리학 교수인 그린 바디먼 블랙(Greene Vardiman Black)에게 편지를 보내서 도와달라고 요청했지.

편지 내용을 살펴보면, 블랙은 처음엔 이 정도의 현상이 학회에 보고되지 않은 것이 이상하다고 생각해 맥케이를 의심했어. 이후 맥케이가 보낸 치아 샘플들을 검사한 후에야 심각성을 깨달은 블랙은 1909년에 콜로라도 스프링스로 직접 와서 이 현상이 생기는 이유를 알아내려 노력했지. 블랙은 죽기 전인 1915년까지 연구를 계속했지만 안타깝게도 원인을 명확히 밝혀내진 못했어.

이후 맥케이는 본인의 돈으로 15년간 혼자 연구를 계속해. 끈기가 대단하지? 그는 이탈리아 나폴리의 키아이아라는 지역에서도 갈색 반점 치아가 나타난다는 것을 발견하고, 1927년에 나폴리를 방문해 원인을 찾기 시작해. 이때 맥케이가 정말 신기한 것을 발견하는데, 마을 주민들 중 성인은 모두 법랑질 반점이 있고, 아이들은 정상 치아인 거야. 어른은 반점이 있고, 아이들은 없다니 이상하지? 알아보니 최근에 상수도를 바꾸고 나서부터 이 현상이 발생하지 않았다는 거야. 맥케이는 마침내 식수에 녹아 있는 어떤 성분이 법랑질에 반점을 만든다는 것을 알게 됐지.

그리고 비슷한 시기에 미국에서 유사한 사례가 보고되면서 연구에 박차를 가하게 돼. 미국의 알루미늄 회사 중 하나인 알코아는 보크사이트 광산을 운영하고 있었어. 보크사이트[*]는 알루미늄 생산에 주로 사용되는 광석인데, 이 광석으로 알루미늄을 만드는 과정에서 불소가 함유된 물질이 발생했지. 이 광산 주변에 사는 아이들은 이웃 마을 아이들과 다르게 거의 모두 치아에 법랑질 반점이 있었어. 처음에는 수질 분석을 해도 원인을 찾지 못했는데, 1930년에 알코아의 연구원 해리 처칠이 분광 분석을 하면서 답을 알아냈지. 극미량의 무기질까지 측정해 보니 아이들이 마시는 우물의 물에서 다른 지역의 식수와 비교했을 때 높은 농도의 불소가 검출된 거야.

이후 1931년, 미국 국립보건원은 치과 연구를 담당하고 있던 트렌들리 딘(H. Trendly Dean)에게 그의 연구소 첫 임무로 치

---

* 보크사이트는 광물 이름이지만, 미국 아칸소주 살린 카운티에 있는 지명이기도 하다. 이 보크사이트 광물의 이름을 따서 지어진 지명이다.

아에 생기는 법랑질 반점과 불소와의 관계를 연구하게 했어. 그는 뉴욕에서 치과를 하고 있던 맥케이의 자문을 받아 추가 연구를 진행했고, 1년도 되지 않아 엄청난 사실을 발견하게 돼. 바로 법랑질 반점과 고농도의 불소는 밀접하게 관련되어 있을 뿐 아니라, 반점이 있는 아이들은 충치가 현저하게 적다는 점이었어. 생긴 건 갈색으로 얼룩덜룩 보기 싫지만, 충치가 덜 생긴다니 참 신기하지?

딘은 미국 25개 주의 자료와 국립보건원 화학자들의 자료를 분석해 음용수의 불소 농도가 1.0ppm 이하면 법랑질에 반점이 생기지 않는다는 것을 알아냈어. 부작용에 해당하는 법랑질 반점이 나타나지 않는 농도를 찾아낸 거야. 이후 미시간주 그랜드래피즈의 상수도에 불소를 넣어 불소를 넣지 않은 주변 지역과 비교해 충치 예방 효과를 입증하는 장기 프로젝트가 이어졌지. 15년간의 긴 시간 동안 추적 검사를 했는데, 놀랍게도 대조군 지역의 어린이에 비해 충치가 50퍼센트 넘게 감소한 것을 관찰할 수 있었어. 수돗물에 불소를 조금 첨가했을 뿐인데 충치가 절반 이상 줄어든다니 정말 놀라운 발견이었지.

'콜로라도 갈색 얼룩'을 발견한 후 연구의 끈을 놓지 않은 프레더릭 맥케이와 충치 예방 효과까지 알아낸 트렌들리 딘은 그 공을 인정받아 미국 공중보건협회로부터 임상의학 연구 분야의 노벨상이라고도 불리는 래스커상을 치과의사 최초로 받게 돼.

논란의 수돗물 불소화 사업

미국 인구의 3분의 2는 미량의 불소가 들어간 수돗물을 공급받고 있어. 미국치과협회, 미국소아과학회, 미국질병통제예방센터(CDC)를 포함한 주요 공중 보건 단체에서는 수돗물 불소화를 찬성하는 입장이야. 모든 사람이 가장 저렴하고 손쉽게 충치 예방 효과를 볼 수 있는 방법이거든. 수돗물 불소화를 한 지역과 하지 않은 지역을 비교했을 때 충치 발생 개수와 치료 비용에서 차이가 났다는 연구 결과들도 많아.

하지만 수돗물 불소화를 반대하는 사람들은 낮은 농도라 해도 어떤 사람에게는 해로울 수 있고, 장기간 노출로 몸에 축적될 경우 질환으로 이어질 수 있다고 주장해. 그래서 우리나라도 1981~1990년대 말까지 수돗물 불소화 사업이 확대되었다가 2000년 전후로 각종 시민단체와 언론에서 비판하자 점차 감소해 2018년을 마지막으로 불소화가 중단되었어. 불소의 충치 예방 효과는 뚜렷하지만, 수돗물 불소화가 아니더라도 다양한 대안이 있기 때문이었지. 선택할 수 있는 개인의 자유를 침해한다는 점에서 꾸준하게 논란이 되는 사업이야.

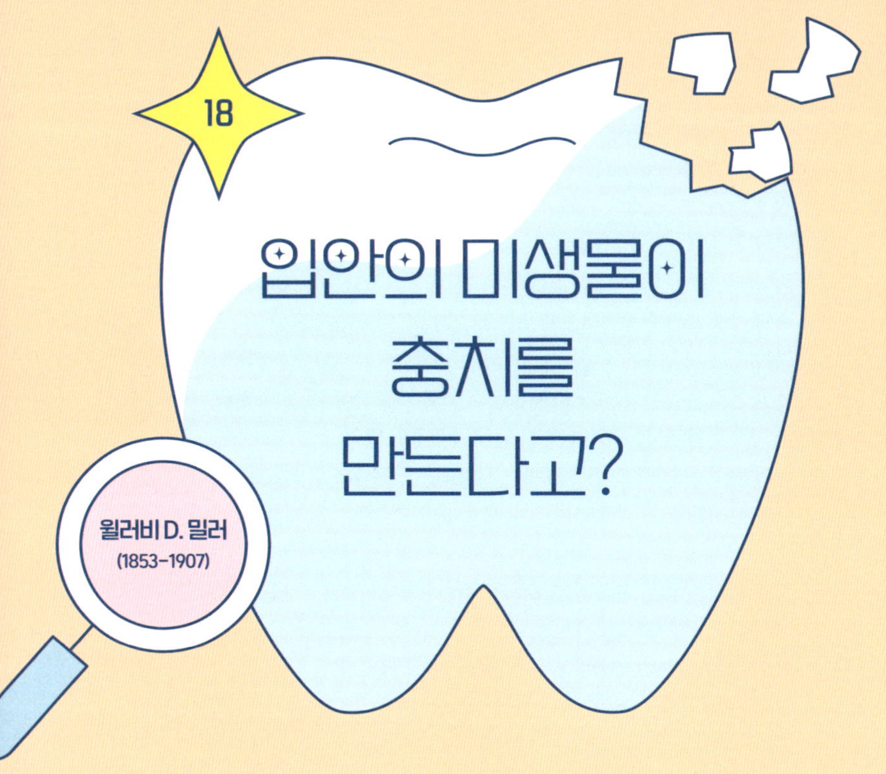

과학적인 충치 연구의 첫 걸음

다들 입안에 세균이 존재한다는 것은 알고 있지? 아마 어릴 때부터 '충치 세균'이라는 단어를 많이 들어서 알고 있을 거야. 우리 입안에는 굉장히 다양한 미생물이 살고 있어. 세균이라고 부르는 박테리아뿐 아니라 바이러스, 균류 등 다양한 미생물이 모여 '구강 미생물군집(구강 마이크로바이옴)'을 형성해. 약 1000종의 박테리아가 치아, 잇몸, 뺨과 입술, 입 천장

등의 연한 조직인 연조직과 침 등 입안 곳곳에 존재하는 것으로 알려져 있지.

충치는 전 세계적으로 모든 연령대에서 나타나는 구강 질환 중 하나로, 특히 아이들에게서 많이 발견돼. 지금은 충치의 원인이라고 알려진 미생물들에 대해 알고 있지만, 19세기 말까지만 해도 충치의 정확한 원인과 발병 과정에 대해 과학적으로 밝혀진 것이 없었어. 치아 안쪽의 혈관과 신경에 염증이 생기면 치아 표면인 법랑질이 더 잘 파괴된다는 가설, 치아에 끼어 있던 음식이 발효되면서 비정상적인 신을 분비해 충치가 생긴다는 가설 정도만 있었지.

윌러비 D. 밀러(Willoghby D. Miller)는 처음으로 충치의 진행 과정을 과학적으로 밝혀낸 사람으로, '과학적 치의학의 아버지'라 불려. 파스퇴르라는 과학자에 대해 들어 봤지? 질병이 발생할 때 세균이 관여한다는 '세균 이론'은 프랑스의 생화학자 루이 파스퇴르, 독일의 의사 루돌프 피르호 등 여러 과학자들에 의해 먼저 발표되었어. 의학에서 세균과 질병의 연관 관계를 연구하며 학문이 발전하니까, 밀러도 호기심을 갖고 충치의 발생 원인으로 세균을 연구하게 된 거야.

처음에 밀러는 미시간대학교에서 유기화학을 전공하고,

물리학을 공부하기 위해 독일로 유학을 떠났어. 그곳에서 많은 미국인을 만나게 되었는데, 미국에서 치과대학을 졸업한 치과의사 애봇이 상류층을 대상으로 진료하는 것을 보고 치의학에 관심을 갖게 되지. 그는 다시 미국으로 돌아와 펜실베이니아 치과대학에서 치의학을 공부하고 최고 논문상을 받을 정도로 연구에 진심을 다해. 학위를 마친 뒤 그는 다시 독일로 가 프랭크 애봇의 치과에서 일하면서, 애봇의 딸인 캐럴라인과 결혼해 독일에서 치과의사로 일하게 돼. 연구도 계속했고 말이야.

당시 파스퇴르는 박테리아가 당을 발효시켜 젖산으로 만든다는 것을 발견했고, 또 다른 과학자인 에밀 마지토는 당을 발효시켜서 치아를 녹일 수 있다는 것을 실험에서 보여 주었어. 그야말로 미생물학의 황금기였지.

밀러는 현대 세균학의 창시자 중 한 사람인 로베르트 코흐의 실험실에서 일하며 치과에 세균학을 도입해 연구에 박차를 가하게 돼. 밀러는 '세균 감염에 의해 충치가 발생한다'는 가설을 세우고, 현미경으로 치아의 단면을 관찰했어. 충치가 있는 치아 샘플 1000여 개를 연구했는데, 모든 샘플에서 세균이 발견되었지. 치아의 가장 바깥 층인 법랑질 아래에는 상

과학적 치의학의 아버지 윌레비 D. 밀러
역시 세균이 문제였어!
여태 잘 숨어 지냈는데… 쩝.
저 아저씨 때문에 들켰네.
그러게.
세균 있는 거
다들 몰랐는데.

아질 층이 있고, 그 안에 상아 세관이라고 부르는 얇은 관이 있거든? 상아 세관은 치아 안쪽 신경에 연결돼 있어서, 치아가 깨지거나 닳아서 상아질이 노출되면 이가 시린 증상이 생기기도 해. 충치가 있는 치아에서는 세균이 가득 차 상아 세관이 확장되고 파괴되는 모습이 관찰되었지.

밀러는 22종의 세균을 발견하고, 그중 16종은 젖산을 생성하는 능력이 있다는 것까지 알아내. 이로써 1890년에 밀러는 충치의 발생 이론 중 하나인 '화학-세균설'을 공식화하며, 과학적 접근을 통한 실험과 연구 결과로 찬사를 받았어.

과자 회사의 수상한 기부와 대규모 인체 실험

치과에 구강 검진을 받으러 가면, 검진 표에 "과자 등 단 음식이나 음료를 하루에 몇 번 섭취합니까?"라는 항목을 본 적이 있을 거야. 지금은 다들 초콜릿이나 캐러멜 같은 당도가 높은 음식을 먹으면 치아가 썩는다는 것을 상식으로 대부분 알지만, 예전에는 어떤 음식을 먹으면 충치가 더 잘 생기는지 과학적으로 증명된 것이 없어서 몰랐어.

　1930년대 스칸디나비아반도 사람들의 구강 건강은 굉장히 안 좋았다고 해. 3살 아이의 치아를 조사했을 때 유치의 83퍼센트에 충치가 있었고, 징집한 군인 1000명 중 1명만이 충치가 없었다고 하니 굉장히 심각했지. 스칸디나비아반도 국가 중 하나인 스웨덴에서는 그 당시 공공 치과 서비스를 계획하고 있었는데, 썩은 치아를 가진 사람이 많다 보니 예측되는 비용만도 어마어마했어. 그래서 대신 충치가 발생하지 않도록 예방하는 연구에 힘을 쏟기로 결정하고, 정부는 의료위원회에 스웨덴에서 가장 흔한 치과 질환의 빈도를 줄일 수 있는 방법을 연구하라고 지시했지.

　1945년, 의료위원회는 스웨덴 서남부에 위치한 도시 룬드에 있는 비페홀름 정신병원의 지적장애 환자들을 대상으로 연구하기로 결정해. 연구 초반에는 비타민 A, C, D, 1mg 불소 등의 보충제를 다양한 그룹에 제공해 충치에 영향을 주는지 실험했어. 하지만 어떤 보충제도 충치 발생에 영향을 주지 않는 거야. 그래서 다음 연구로, 통제된 조건에서 탄수화물 섭취를 다르게 했을 때 충치에 어떤 영향을 미치는지 조사했어. 정부에 승인받을 때에는 비타민 실험이었던 것이 나중에 탄수화물을 이용한 충치 연구로 바뀐 거지.

이 탄수화물 실험에서는 음식물 중 설탕을 용액, 빵, 캐러멜, 토피(toffee, 캐러멜화한 설탕, 당밀, 버터 밀가루를 섞어 만든 과자) 등 여러 가지 형태로 식사 중 혹은 식사와 식사 사이에 먹게 해서 충치의 발생 빈도를 관찰했어. 토피는 실험을 위해 일반적으로 만들 때 사용되는 재료들을 빼고 더 끈적거리는 형태로 제공했지. 실험 결과 식사 중에 설탕이 포함된 음식을 먹었을 땐 충치 발생률이 낮았지만, 식사와 식사 사이에 끈적한 형태의 설탕을 섭취했을 땐 충치가 많이 증가하는 것을 볼 수 있었어.

이 연구를 통해 끈적한 형태로 치아에 오랜 시간 동안 설탕이 남아 있으면 충치 발생 확률이 높아진다는 것을 알 수 있었고, 식사 중에 섭취하는 설탕보다 간식으로 섭취하는 것이 더 안 좋다는 것까지 알게 되지. 충치에 영향을 주는 음식의 형태(끈적거림), 시간(오래 잔존할 때), 섭취 시기(식사<간식)에 대해 파악하게 된 거야.

1957년에 이 연구 결과가 발표되면서 설탕을 자주 섭취하는 것이 충치를 유발한다는 게 알려졌고, 일주일에 한 번만 사탕을 먹게끔 대대적인 캠페인이 벌어졌어. 아이들이 좋아하는 인기 라디오 프로그램을 듣는 토요일 밤 동안에만 사탕을

비페홀름 정신병원 식당
이 환자는 토피 먹고~
이 환자는 과자 먹도록!
너랑 나랑 왜 간식이 달라?
나도 잘 몰라….

먹는 간식 문화인 '뢰르닥스고디스'도 그때 만들어졌지. 이것은 충치 예방의 한 형태로, 법적 보호자가 일주일 중에 토요일 딱 한 번만 간식을 먹게 허용해 준 거야. 지금은 그 문화가 없어졌지만, 아직도 뢰르닥스고디스라는 상표로 사탕이 판매되고 있지.

겉으로는 큰 문제가 없어 보이는 이 비페홀름 충치 연구는 사실 여러 논란이 있었어. 이 실험을 위해 제과업계에서 거액의 돈과 토피, 과자 등을 기부했는데, 막상 충치와 명확한 연관성이 있는 것으로 결과가 나오니까 연구자들이 발표를 연기시킨 거야. 빨리 알려야 사람들의 충치를 예방할 수 있는데 제과업계에 타격이 있는 결과가 나오니까 발표를 늦춘 거지.

가장 큰 문제는, 이 연구가 정신병원의 환자들을 대상으로 누구에겐 설탕을 적게 먹이고, 누구에겐 끈적이는 캐러멜을 많이 먹이는 일련의 '인체 실험'이었다는 점이야. 만약 지금이었다면 윤리적으로 문제가 되어 아예 연구 허가가 나지 않았을 거야.

인간을 대상으로 한 의료 연구 윤리의 규범을 정한 '헬싱키 선언'이 1964년에 발표되면서, 사람들은 비페홀름 연구가 연구 윤리상 잘못되었다는 것을 뒤늦게 깨닫게 되지. 당시 연구에 참가했던 치과의사 크라세는 1997년 회견에서 "지금은 그때 그 실험이 윤리적으로 문제가 있었다는 사실을 시인하지만 당시엔 별 문제가 없는 것으로 생각했다"라고 말했어. 물론 실험이 당시 사회 분위기로는 문제가 되지 않았을지라도 참여한 환자들에게 사과를 먼저 했다면 더 좋지 않았을까?

정제된 설탕이 없는 식단을 섭취한 고아원 아이들

비페홀름 연구뿐 아니라, 음식과 충치 사이의 연관 관계를 파악하기 위해 세계 곳곳에서 여러 연구가 이루어졌어.

1930년대 후반 호주에서 속옷 매장을 여러 개 운영해서 큰 부를 쌓았던 레슬리 베일리는 호주 청소년복지협회를 설립해서 본인의 철학인 '자연 건강'을 실현하고자 했던 사람이야. 그는 보우럴 지역에 호프우드 하우스라는 아동 보호 시설을 만들어 1942년부터 1951년까지 미혼모로부터 남자아이와 여자아이를 각각 43명씩, 총 86명을 모아 15년간 동일한 식단을 제공하며 자연 건강 원칙에 따라 양육했어. 그들에게 고기를 제외한 야채, 견과류, 우유, 계란, 통밀, 현미 등 채식 식단을 제공했는데, 대부분이 익히지 않은 날것의 형태였지. 또한 많은 양의 물과 자연 식품을 섭취하게 하면서, 디저트로는 코코넛, 원시 꿀, 말린 과일 등을 제공했어. 정제된 밀가루나 과자, 설탕 등의 간식을 먹지 못하게 했고 말이야.

아이들에게 엄격하게 제한한 것은 식사뿐이 아니었어. 현대 의학을 멀리해서 예방접종도 허용하지 않았지. 아무리 건강을 위해서라지만 어린아이들에게 선택의 자유가 없다니, 좀 가혹하지 않아? 그렇다고 아이들을 잘 돌보지 않거나 방치한 것은 아니었어. 의사와 치과의사들도 프로그램에 참여시켜서 아이들을 정기적으로 검사하고 그 결과를 신문 기사나 의학 저널에 발표하게 했거든.

호프우드 하우스 아이들은 제한된 환경에서 자랐기 때문에 연구하기에는 굉장히 좋은 조건이었어. 통제가 가능했기 때문이지. 치과 연구를 위해서 호프우드 하우스 아이들의 구강 상태, 충치 개수, 유산균 수치는 주기적으로 기록되었는데,

호프우드 하우스

생 야채, 통곡물 OK !

가공식품 NO !

먹는 자유는 없었지만
충치는 적게 생겼어.

일반 주립학교
모두 OK !

먹고 싶은 거 다 먹었더니 충치가 많이 생기긴 했지.
그래도 난
자유가 좋아 !
CHOCO

일반 주립학교 어린이들과 비교했을 때 충치 발생률이 훨씬 낮았어. 15살 청소년에게서는 충치 경험 치아를 측정하는 지수가 2배 가까이나 차이가 났지.

호프우드 하우스의 어린이들은 치아뿐 아니라 모든 면에서 우수한 건강 상태를 보였어. 하지만 아이들이 점차 성장해 독립하고 본인이 돈을 벌게 되면서, 엄격하게 제한했던 식단은 일반 식단으로 바뀌게 돼. 그 결과 충치가 증가했고 구강 건강이 악화되었지.

돌이켜 보면 호프우드 하우스의 연구는 결과적으로 아이들의 건강에 나쁜 영향을 준 건 아니야. 그러나 결과가 좋았다고 해서 과정이 옳았다고 할 수는 없겠지? 비페홀름 연구와 마찬가지로 현대라면 허가가 나지 않았을 윤리적으로 문제가 있는 인체 실험이었으니까 말이야.

호프우드 하우스에서 자랐던 아이들이 성인이 되어 남긴 여러 기록들을 살펴보면, 모든 아이들이 행복하고 즐거웠던 것은 아니었던 것 같아. 일부 아이들은 당시의 기억에 대해 사랑받고 잘 자랐다고 전했지만, 어떤 아이들은 학대받고 실험에 착취당했다고 이야기했어. 강제로 먹은 식단이 잘 맞지 않았던 아이들은 음식 대부분이 익히지 않은 생야채여서 끔찍

했고, 항상 배가 고파 주방에서 도둑질하는 일이 잦았다고 증언했지. 아무리 건강식이어도 먹고 싶지 않은 형태로 어린 시절 내내 먹어야 했다면 정말 힘들었을 것 같아.

뛰어난 발명가이자 치과의사

병원에서 찍는 방사선 사진, 혹은 엑스레이 사진에 대해 들어 본 적이 있니? 엑스레이라고 많이 불리는 X선은 방사선의 한 종류야. 우리가 흔히 아는 자외선, 가시광선, 적외선 등도 넓게 보면 방사선의 범주에 포함되지.

X선은 1895년 독일의 물리학자 빌헬름 콘라트 뢴트겐에 의해 발견되었어. 그는 음극선 연구 중에 X선을 우연히 발견

했는데, 처음에는 본인이 미쳐서 환각을 보는 게 아닌가 의심했지. 평소에도 편집증적인 성격을 갖고 있어서, 잘못 봤다고 생각했던 거야. 실험할 때 주변에 덮어 둔 책이 있었는데, 책 안에 책갈피 대용으로 넣어 두었던 열쇠와 책을 만지는 손의 뼈가 비치는 것을 보고 X선을 발견하게 되었지.

그는 계속 본인이 미쳤을지도 모른다는 의심을 떨치지 못했어. 결국 부인을 실험실로 불러서 같은 방법으로 손 사진을 찍었는데, 손 안의 뼈뿐 아니라 반지도 촬영되는 것을 보고 나서야 안심하게 되었지. X선의 첫 발견은 환각이라고 빋을 정도로, 그 당시 굉장히 충격적인 발견이었던 것 같지?

뢴트겐은 이 발견의 정확한 원리를 몰랐기 때문에 수학에서 모르는 것을 X(미지수)라 표현하는 것처럼 뭔지 모른다는 뜻으로 'X선'이라 이름을 붙였어. 이 발견으로 1901년에 최초의 노벨 물리학상을 수상하지.

뢴트겐의 발견이 발표되고 2주 뒤, 독일의 치과의사 오토 발크호프(Otto Walkhoff)가 최초로 치아 방사선 사진을 촬영해. 그는 물리학 교수인 프리츠 기젤에게 본인의 어금니 방사선 사진을 찍어 달라고 부탁하지. 첫 시도였던 이 사진은 촬영에 무려 25분이나 걸렸어. 지금은 0.15~0.2초면 충분한데, 당시엔 굉장히 긴 시간 동안 입을 벌리고 있었을 것 같지? 발크호프는 "정말 고문이었지만 결과를 보고 엄청나게 기뻤다"라고 말했어. 이 연구로 그의 소중한 머리카락을 잃긴 했지만 말이야. 과도한 방사선 노출의 위험성을 그때는 몰랐거든.

참! 현재 의료용으로 사용하는 방사선 촬영 기계는 과거와 달리 위험하지 않으니 너무 걱정하지 마. 바나나만 먹어도 방사선을 흡수한다는 걸 알고 있니? 우리는 평소에 일상생활을 하면서도 하늘과 땅, 그리고 음식에서 매일 자연 방사선에 노출되고 있거든. 치과에서 방사선 사진 한 장을 찍는 동안 흡수하는 방사선은 하루 동안 지구에서 받는 방사선의 양보다 적어. 또한 치과에서 1년에 한두 번 정기검진을 받으면서 찍는 방사선 사진은 하루에 받는 자연 방사선 수준의 양이고, 방사선 노출에서 입는 피해보다 정확한 진단을 통해 얻는 이점이 더 많지.

뢴트겐의 발견 이후 치과의사들은 발 빠르게 방사선 사진을 진단에 사용했어. 에드먼드 켈스(Edmund Kells)는 치과의사이자 뛰어난 발명가였는데, 엘리베이터의 출발 정지 동작을 발명한 것을 포함해 30개 이상의 특허권을 가지고 있었지. 그는 치과에서 침을 빨아들이는 석션과 바람을 칙 하고 부는 압축

공기를 처음 사용한 사람이기도 해. 또한 당시 다른 치과의사들은 발로 구동하는 기계식 드릴을 많이 사용했거든? 그는 최초로 전기 설비를 진료실에 갖추어서 전기 치과 드릴을 사용했지.

이처럼 머리가 좋고 창의력이 뛰어났던 켈스는 방사선 사진을 찍을 때에도 새로운 장비를 구축하려 노력하며, 발명가다운 면모를 보였어. 기존에 사용하던 방사선 필름이 너무 커서 입안에 넣기 힘드니까 켈스는 이것을 작게 잘라 '치과용 필름'을 만들어 버려. 그리고 작아진 필름이 잘 고정될 수 있도록 홀더도 만들었지. 그는 본인이 발견해 낸 치과 방사선 사진 촬영 기술을 시연하며 많은 이들에게 본인의 기술을 전파했어.

그런데 한 가지 문제가 있었지. 당시에는 방사선과 X선의 위험에 대해 잘 알려져 있지 않았거든. 현재 치과에서 사용하는 방사선 사진은 촬영 시간도 짧고 방사선 노출량도 적지만, 켈스가 실험하던 시절에는 촬영 시간이 길었고, 위험에 대해서도 무지했어. 결국 환자를 촬영하는 실험을 반복해 방사선에 수차례 노출되었던 켈스는 50세에 손에 암이 생기게 돼. 나중엔 병이 계속 퍼져 한쪽 손을 절단해야 했고, 70세에는

손쉽고 안전해진 엑스레이!
이게 다 켈스의 희생 덕이지.
뿌리까지 다 보고 진단할 수
있어서 안심이 되는걸!

왼쪽 팔 전체를 절단했어. 너무 고통스러웠을 것 같지?

켈스는 손을 잃고 통증으로 고통받는 중에도 발명을 멈추지 않았어. 하지만 피부암으로 인한 고통은 너무나도 컸고, 20여 년간 손과 팔에 30회 가까이 수술을 받으며 시력까지 잃어 가다 1928년에 권총으로 자신의 머리를 겨누어 스스로 생을 마감해.

켈스가 죽기 전에 자신의 지난 삶과 연구들을 부정적으로 여겼을 것 같지만, 그는 크게 후회하지 않았다고 전해져. X선을 사용하며 매일 혜택을 받는 수천 명의 환자들을 생각하면, 본인은 불평할 수 없다고 말했지. 끝까지 타인을 생각하던 그의 희생으로 후대의 사람들은 안전하게 치과 방사선 사진을 촬영할 수 있게 된 거야. 치과에서 방사선 사진을 촬영하게 되면 켈스를 한 번씩 떠올려 줘.

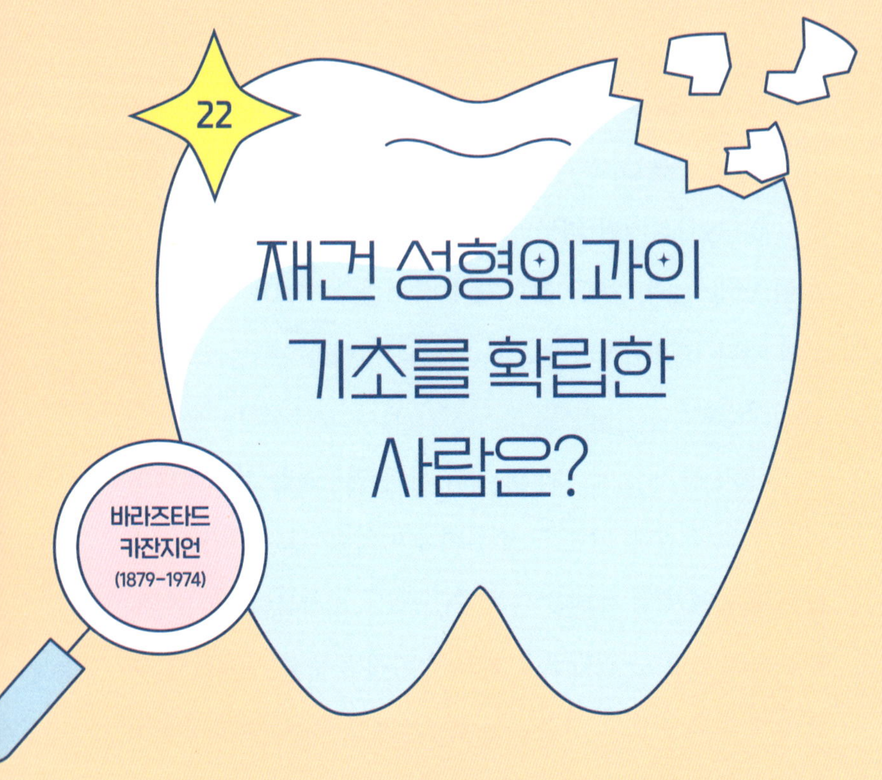

전쟁터에 치과의사가 필요한 이유

바라즈타드 카잔지언(Varaztad H. Kazanjian)은 20세기 미국 구
강악안면외과의 선구자야. 구강악안면외과는 입과 턱, 얼굴
을 진단하는 치과의 전문 분야지. 수많은 치과 수술과 연구 경
험이 있는 카잔지언은 소수민족인 아르메니아인으로, 지금은
튀르키예가 된 오스만 제국에서 태어났어.

그런데 어떻게 미국의 치과의사가 되었냐고? 튀르키예의

항구 도시 삼순의 우체국에서 일하던 카잔지언은 1890년대에 오스만 제국에서 아르메니아인을 향한 대학살이 시작되자 이를 피해 1895년에 미국으로 건너가게 돼. 그는 매사추세츠주의 우스터에 자리 잡은 뒤 와이어 공장에 취직해 일하다 1900년에 미국 시민권을 취득하지. 그리고 하버드 치과대학에 합격해 치과의사가 되고, 하버드 치과대학에서 보철과 교수를 맡게 돼.

그러던 중 1차 세계대전(1914-1918년)이 발발해. 당시 미국의 많은 외과의사와 치과의사들은 미국이 전쟁에 참전하기 전부터 프랑스와 영국 군대를 지원하기 위해 군대에 자원했어. 하버드대학교에서는 3명의 치과의사와 32명의 외과의사들이 영국 원정군의 일부였던 '하버드 의료 부대'를 만들었는데, 카잔지언은 치과의 최고 책임자로 큰 활약을 펼쳐. 그는 전쟁에서 총과 수류탄에 의해 부상을 입은 군인들의 부서진 턱과 코 등을 혁신적인 방법으로 수술하였고, 헌신적인 노력과 뛰어난 실력으로 많은 이들에게 인정받게 되지.

당시 눈 밑에서 턱 아래까지 모두 손상을 입은 군인들도 있었는데, 카잔지언은 뼈 조각들을 배열하고 고정하는 수술 기술이 뛰어났어. 창의적인 방법으로 부상병들의 신체와 정

얼굴도 마음도 고치러
하버드 의료 부대 출동!
펑!
내 얼굴, 괜찮을까….
마음도 힘든걸….

신을 회복시키는 데 큰 역할을 한 그가 병동에 들어가면, 부상자들은 존경과 감사의 표시로 그의 손에 키스했지. 카잔지언은 1차 세계대전이 펼쳐지는 4년여간 3000여 명의 수많은 전쟁 부상자들을 치료했고, 그 공을 인정받아 영국 왕실의 조지 5세로부터 작위를 받았어. 미국 언론은 그를 '서부 전선의 기적의 사나이'라 불렀지.

치과의사에서 성형외과 교수가 되기까지

이 정도로 큰 공을 쌓고 인정을 받았으면, 더 공부를 안 할 법도 하잖아? 카잔지언은 여기서 멈추지 않았어. 그는 미국으로 돌아오자마자 1921년에 하버드 의과대학에 다시 진학해. 치과의사인데 다시 의대생으로 학업을 시작한 거야. 그는 마침내 의학 박사 학위를 받고, 구강외과의 임상 교수로 있으면서 하버드대학교 최초의 성형외과 교수로 임명되지. 이후엔 전쟁터에서의 풍부한 경험을 살려 얼굴, 외과 보철물, 성형외과와 구강외과 치료를 전문으로 하는 개인병원을 열어 오랜 시간 환자를 치료하면서 학문적으로도 높은 명성을 쌓아.

혹시 정신분석 이론의 창시자 지그문트 프로이트를 알아? 20세기 철학과 심리학에 한 획을 그은 프로이트는 코카인과 담배를 끊지 못해 구강암으로 말년에 꽤나 고생했어. 무려 33회 수술하는 동안 입안의 많은 부분을 떼어 냈기 때문에 재활을 위한 보철물을 여러 번 제작해야 했지. 암 조직을 제거하면 치아를 비롯해 입안 조직 상당 부분이 없어지기 때문에 먹는 것도, 말하는 것도 어려워서 수술할 때마다 구강 구조가 바뀌면 착용하는 보철물도 새로 제작해야 하거든.

카잔지언은 1931년에 런던과 파리 회의에 참석하기 위해 미국에서 유럽을 경유하다가, 구강암으로 고생하던 프로이트를 만나게 돼. 당시 프로이트는 상태가 좋지 않은 보철물을 사용하고 있었어. 카잔지언은 프로이트의 구강암 치료 주치의였던 치과의사 한스 피클러(Hans Pickler)의 연구실에서 3주에 걸쳐 프로이트를 위한 새로운 보철물을 만들어 주었지.

카잔지언은 미국뿐 아니라 유럽에서도 유명 인사들에게 치료 요청을 받을 정도로 인정 받는 실력자였어. 치과의사이면서 성형외과 의사, 군 장교, 교수였던 그는 95년의 긴 세월 동안 꾸준히 연구하고 치료하는 삶을 살아 가족과 친구, 동료는 물론 학계에서도 존경받는 학자로 기억되고 있지.

혹시 치과를 단순히 충치를 치료하고, 보철물을 끼워 넣어 기능을 회복시키는 곳으로만 알고 있었니? 아마 대부분이 그렇게 생각했을 거야. 그런데 치아는 음식을 씹는 행위인 '저작', 말을 하는 '발음', 그리고 아름다운 미소를 주는 '심미' 등, 세 가지의 역할을 모두 하는 매우 중요한 신체 부위야. 그래서 치과 치료는 단순히 충치를 치료하는 수준을 넘어 얼굴의 외형적인 부분, 그리고 치아를 잃은 상실감에 우울해진 환자의 마음까지 회복시켜 주는 매우 소중한 학문이지. 카잔지언은 치과의사의 이러한 역할을 더 잘 깨닫게 해 준 인물이야.

재난 현장에서 : 치과 포렌식의 역사

우리 몸은 피부, 근육과 같은 비교적 말랑말랑한 연조직과 뼈나 치아처럼 단단한 경조직으로 구성되어 있어. 이 중에 치아는 가장 높은 경도를 갖고 있고, 높은 온도에서도 견디는 단단한 조직이야. 그중에서도 치아의 바깥층인 법랑질은 가장 단단하지. 이 법랑질은 섭씨 400도가 되면 광택을 잃으면서 파괴되기 시작하고, 700~1000도가 되면 타서 소실돼. 우리가 먹는 음식이 이 정도의 온도를 가질 일은 없겠지만, 화재 사고나 신원을 파악하기 힘든 인명 피해가 났을 땐 치아의 이러한 성질이 신분 확인에 중요한 역할을 하지.

앞서 살펴보았던 미국 식민지 시대에 폴 리비어가 전투로 인해 표식 없이 묻혀 있던 친구 조지프 워런의 시신을 치아 보철물로 확인했던 사건을 기억해? 이 사건은 치과 지식을 이용해서 최초로 신원을 밝혀낸 일이었지.

대규모 인원의 신분을 치아로 확인하는 기술은 1897년에 파리의 자선 행사에서 큰 불이 나면서 처음 사용되있어. 이 행사는 프랑스 파리의 가톨릭 가족이 주최한 연례 자선 행사였는데, 무려 1200명이나 모여 있었지. 그런데 행사에 사용된 프로젝터 램프가 폭발하면서 큰 화재가 발생한 거야.

당시 귀족 여성들은 코르셋과 불편하고 무거운 옷을 입고 있어서 더욱 큰 피해를 입었어. 풍성하고 무거운 치마는 예쁘고 화려했지만 도망치는 것에 방해가 되었거든. 이 화재로 126명이나 되는 사망자와 200명의 부상자가 발생했지. 이 중 30명 가량의 사망자는 안타깝게도 누구인지 알아볼 수 없는 정도로 시신이 훼손되었고, 이들의 신원을 파악하기 위해 처음으로 치과 기록을 사용하게 된 거야.

자선 행사에 참석한 고위층 귀족 여성들은 치과 치료를 받은 경험이 있는 부유한 사람들이었기 때문에 그들의 치과의사들을 통해 아말감 충전물, 금, 보철, 크라운, 치아를 뽑은 공간 등의 치과 기록들을 받아 세심하게 비교해 신원을 확인할 수 있었어. 이 행사의 주요 후원자였던 공작 부인 소피 샤를로트는 프랑스 국왕 루이 필리프의 며느리였는데, 화재 당시 다른 사람들이 구조될 때까지도 그 장소에 남아 있었지. 결국 빠져 나오지 못해 그녀의 시신은 많이 훼손되어 개인 하녀도 알아볼 수 없을 정도였어. 하지만 그녀의 치과의사가 본인이 치료한 금 충전재로 신분을 확인해 주었지.

'법치의학'이라는 말을 들어 봤니? 치과 정보를 법적인 문제 해결에 활용하는 독특한 분야로 범죄 수사, 재난 상황에서의 신원 확인 등 여러 중요한 상황에서 실질적인 기여를 하고 있어. '법치의학의 아버지'라 불리는 오스카 아모에도(Oscar Amoedo) 박사는 당시 파리대학교 치과대학 교수였는데, 그는 사건에 사용된 식별 절차를 상세하게 설명하고 미래에 기초로 사용될 방법을 가정해 기사와 책을 썼지. 이후 법치의학은 중요한 학문으로 연구되면서 오랜 세월에 걸쳐 발전하게 돼.

치과의사는 법의학자가 될 수 있을까?

독일의 독재자 아돌프 히틀러가 사망했을 때도 법치의학이 사용됐어. 1945년에 러시아군은 히틀러와 그의 부인인 에바 브라운의 심하게 타 버린 시신을 발견하고 그가 정말 맞는지 파악하려고 했지. 그의 죽음에 대해서는 의심하는 사람이 많아서 2차 세계대전이 끝나고도 살아 있는 것이 아니냐는 소문이 있었거든. 히틀러의 치과의사였던 휴고 요하네스 블라쉬케 박사가 그의 치과 기록과 X선 사진, 크라운과 브릿지 보철물을 통해 신원을 확인해 주고 나서야 죽음이 공식화되었지. 아마 못 믿는 사람들은 이조차 거짓이라고 생각하겠지만 말이야.

법치의학의 주된 업무는 이처럼 치아를 이용해 사람을 식별하는 일이야. 치아를 보고 죽은 사람의 나이 혹은 성별을 추정하거나, 신원이 불분명한 사람이 누군지 생전 치과 자료 등을 이용해 밝혀내지. 그리고 피해자의 피부에 남은 잇자국을 통해 범인을 알아내기도 해. 무엇보다 형체를 알아보기 어려운 대형 참사에서는 신속하게 신원을 식별해 내는 업무를 하고 있지.

우리나라에서는 법의관에게 이 일을 할 수 있는 자격이 있

6.25 유해 발굴 현장
가족들을
찾아드릴게요.
치아로도 신원을
확인할 수 있지.
과학수사
1
2
3

어. 법의관은 의사 또는 치과의사 면허증을 갖고 있으면서 병리학, 법의학, 해부학, 임상의학 분야에서 2년 이상 종사하거나 연구한 경력이 있어야 해. 의사와 치과의사 모두 법의관을 할 수 있어. 특히 치과 법의관은 대형 화재나 비행기 사고, 6.25 전쟁 유해 발굴 등 여러 상황에서 법의학자 및 과학자들과 함께 활약하고 있지. 법의학자가 되고 싶은 친구들은 의사 혹은 치과의사가 되면 그 꿈을 펼칠 수 있을 거야.

수천만 명의 치아를 되찾아 준 임플란트

치아는 여러 가지 이유로 빠질 수 있어. 충치가 심하게 생기거나, 잇몸이 나빠져서, 혹은 사고로 불시에 치아를 잃게 되지. 치아가 빠져도 인공적으로 만든 보철물이나 틀니를 이용해 치아의 기능을 회복하는 것이 가능해. 하지만 빠진 치아의 기능을 되돌리는 치료를 위해 건강한 주변 치아를 깎아야 하는 경우도 있고, 전체 치아가 빠졌을 땐 틀니를 해야 하는데

껐다 뺐다가 여간 불편한 게 아니지. 치과 임플란트가 발명되기 전까지는 환자들에게 선택의 여지가 없었던 게 사실이야.

치아가 빠진 부분을 인공 재료로 채워 원래 모습과 같게 하려는 시도는 오래전부터 계속되었는데, 1809년에는 치과 의사였던 마지올로(J. Maggiolo) 박사가 오랫동안 치과 보철물로 안전하게 사용해 왔던 금을 원통 튜브 형태로 제작해 치아를 뽑은 부위에 심었어. 치아 뿌리 역할을 하도록 고안해 낸 거지. 금은 오래전부터 치과 보철물로 문제 없이 사용해 왔으니까 괜찮을 것 같았거든. 처음에는 잇몸이 잘 아물고 문제기 없어 보였는데, 시간이 지나자 잇몸에 광범위하게 염증이 생기기 시작했어. 몸에 착용하는 보석이나 음식을 씹는 보철물로 사용할 땐 문제가 없었던 금이지만, 잇몸과 뼈 안으로 들어가 한몸이 되기에는 생체 적합성이 부족했던 거야.

이후 수많은 의사들과 치과의사들이 몸 안에서 탈이 나지 않는 금속 재료를 찾기 위해 연구했어. 치과뿐 아니라 정형외과나 다른 의료 분야에서도 골절된 뼈를 수술하기 위해 생체 내에서 염증 반응을 일으키지 않는 금속 재료가 필요했거든. 1930년대에는 형제인 앨빈 스트로크와 모지스 스트로크 박사가 비탈륨이라는 크롬-코발트 합금으로 만든 나사를 엉덩

이 뼈에 성공적으로 심었어. 드디어 뼈와 염증 반응을 일으키지 않은 금속 합금을 개발한 거야. 비탈륨은 이후 동물과 사람 모두에게서 치아를 대체할 수 있는 금속임이 인정됐지.

1940년에는 이탈리아의 포르미기니(Manlio Formiggini) 박사가 나선형 구조로 된 스테인리스 스틸 임플란트를 고안했어. 나중에 만들어지는 임플란트의 나사 형태에 영향을 준 초창기 형태라고 볼 수 있지. 이때 재료로 연구되었던 비탈륨과 스테인리스 스틸을 비롯한 여러 합금들은 몸과 이상 반응을 일으키지는 않았지만, 그렇다고 자연 치아처럼 턱뼈와 결합하는 것은 아니어서 오랫동안 사용하기에는 안정성이 부족했어. 사람이 매일 음식을 씹는 힘인 저작력은 꽤 강해서 잇몸에 나사로 고정시킨 단순한 형태로는 견디기 어려웠던 거지.

티타늄, 골유착 현상으로 우연히 발견하다

그러다 1952년에 혁신을 가져다준 우연한 발견이 있었어. 바로 뼈와 결합하는 금속인 티타늄을 찾아낸 거야. 스웨덴의 정형외과 의사이자 해부학자인 퍼 잉바르 브레네막(Per-Ingvar Brånemark)은 토끼의 종아리 뼈에 심은 티타늄 나사 주변의 혈류를 관찰하기 위해 현미경으로 검사하던 중, 티타늄 나사와 살아 있는 뼈 사이에 뼈가 새롭게 형성되는 골유착 현상을 발견하게 돼. 동물 실험이 모두 끝나고 나서 뼈에서 티타늄 구조물을 제거하려고 했더니 너무 완전하게 붙어서 구조물을 제거할 수 없을 정도였던 거야.

이처럼 티타늄 주변에 생긴 뼈는 골절되지 않는 한 분리되지 않기 때문에 강한 하중을 받는 곳에도 사용할 수 있어. 오늘날 대부분의 치과 임플란트는 티타늄이라는 금속 재료로 만들어지지. 모든 금속 중에서 사람의 뼈와 가장 강한 결합을 이루기 때문이야. 처음부터 치아를 대체할 수 있는 금속을 연구하다 발견한 게 아니라 동물 뼈 실험을 하다 우연히 발견한 거지. 이 발견은 치아를 잃은 수많은 환자들에게 새로운 치료의 길을 열어 주었어.

하지만 브레네막의 연구가 처음부터 인정을 받았던 건 아니야. 그가 처음 골유착에 대해 발견한 것은 1950년대 초였지만, 미국 국립보건원으로부터 재정적인 지원을 받기까지는 꽤 오랜 시간이 걸렸고 여러 차례 거부당했지. 그는 동물 실험을 성공한 이후에 지원자를 받아서 사람을 대상으로 팔에 먼저 실험했고, 사람에게도 염증 반응이 없는 것을 확인했어. 그리고 1965년에는 지원자 라르손에게 최초로 티타늄 치아 임

내가 해 준 임플란트 어때? 당신이 전 세계 통틀어 첫 번째 환자인데!
40년 동안 잘 썼지. 덕분에 틀니 안 썼어. 정말 고마워!
저 아저씨가 우연히 골유착 발견한 거라며?
응, 그게 치과 임플란트가 될 줄 누가 알았겠어!

플란트를 4개나 심었지. 그는 당시 치아가 없는 상태였고 턱과 턱뼈가 심하게 변형돼 있어서 치아가 생기길 원하는 마음으로 실험에 참여했어. 이 임플란트는 2005년 라르손이 생을 마감하는 날까지 무려 40년간 유지되었지.

브레네막은 이 연구들을 발판 삼아 1970년에 스웨덴의 방위 회사와 상업적 파트너십을 맺어 본격적으로 임플란트를 만들게 돼. 하지만 이때까지도 과학계에서는 티타늄 임플란트를 실행 가능한 치료법으로 인정해 주지 않았고, 브레네막을 공개적으로 조롱했지. 대학에서도 자금 지원을 중단했고 말이야. 결국 그는 환자 치료와 실험을 계속하기 위해 개인병원을 열었어. 그러다 전 세계의 치과의사들에게 차츰 인정을 받다가 1983년에 토론토에서 젊은 학자들에게 주목받으며 전환점을 맞게 돼. 무려 30년간 홀로 싸워 왔던 결과지.

브레네막의 원래 이름은 페르손(Persson)이었는데, 그는 티타늄의 골유착을 발견한 이후로 이름을 브레네막(Brånemark)으로 바꿨어. 'Brånemark'은 '새로운 길을 여는 사람'을 뜻하지. 아마 브레네막 스스로도 본인의 발견이 굉장하다는 걸 알고 있었던 거겠지? 실제로 그의 발견은 치과뿐 아니라 인공 달팽이관을 만드는 이비인후과, 인공 관절 수술을 하는 정형외과

등 다양한 분야에 쓰이게 돼. 굉장한 발견과 성과지?

그는 이후로 스웨덴 공학 아카데미, 미국 하버드 치과대학, 영국 왕립의학학회 등에서 명예로운 상들을 받았고, 2014년에 85세의 나이로 세상을 떠났어. 정형외과 의사이자 해부학자였던 그는 전 세계의 수많은 사람들에게 제 2의 치아를 선물했을 뿐 아니라, 현재까지도 다양한 의학 분야에서 공로를 인정받고 있지.

알면 알수록
쏙 빠져드는 것들을 찾아서

고대에서 현대에 이르기까지 치의학에서 흥미롭게 읽을 만한 이야기들을 함께했는데, 소감이 어떤가요? 현재 치과의사로 일하고 있지만, 이 이야기들을 처음부터 모두 자세히 알고 있었던 건 아니에요. 치과대학에서 교정, 보철, 외과 과목의 역사를 조금씩 배우기는 했지만 그 지식이 퍼즐 조각처럼 나뉘어져 있었거든요. 이 책을 쓰면서 퍼즐을 하나하나 맞추며 머릿속에 그림을 완성하게 된 거예요.

앞서 살펴봤듯이 가끔은 '우연한 발견'들이 치의학의 발전에 도움을 주기도 했어요. 불소도, 임플란트도 처음부터 연구실에서 치과 치료를 위해 계획적으로 만들어진 건 아니었지요. 심지어 처음엔 그들의 발견이 학계에서 부정당하고 인정받지 못하기도 했어요. 선구자들이 늘 그러했듯, 사람들에게 인정받기까지 꽤 오랜 기간 동안 비판과 날카로운 시선을 받기도 했죠. 저는 끈질긴 근성과 탐구력으로 끝까지 결과를 얻어 낸 이들의 모습을 보면서 존경하는 마음이 생겼어요. 연구에 대한 열정과 진심이 좋은 결과를 이끌어 낸 거니까요. 치의학의 발전에도 도움을 주었고요.

저 역시 글쓰기를 따로 배우거나 그림을 배운 적이 없지만 '우연한 기회'로 이 책의 글 작업과 그림 작업을 모두 맡게 되었어요. 처음에는 '치과의사인 내가 이런 책을 써도 괜찮을까' 하는 걱정이 생기더라고요. 하지만 치과의 역사와 관련된 스토리, 인물들, 관련된 논문들을 찾다 보니 너무 재미있는 거예요. 그래서 청소년 친구들과 함께 이야기를 나누고 싶어서 낮에는 치과의사로 환자들을 치료하고, 밤에는 자료들을 찾아가며 열심히 책을 준비했어요.

이 책의 독자 중에는 치과의사가 꿈인 친구도, 꿈이 아닌 친구도 있을 거예요. 주제가 궁금해서 읽기 시작한 친구도 있을 거고, 누군가의 추천으로 읽은 친구도 있을 테지요. 어떻게 이 책을 처음 만나게 되었든지 간에 재미있게 읽었으면 좋겠어요. 그리고 이 책이 시작이 되어서 다른 학문을 공부할 때에도 그 학문의 역사를 한 번씩 돌이켜 보며 흥미를 가져봤으면 해요. 세상에 그냥 생긴 직업은 없거든요. 책을 쓴 이후로 나도 요즘엔 다른 사람의 직업을 바라볼 때 '이 직업은 어디에서 시작되었을까?' 생각하며 역사 속의 모습을 머릿속으로 그려 보곤 해요.

공부가 지루하고 지겹게 느껴지는 순간들이 종종 있지요? 만약 하고 싶은 일로 향하는 길이 어둡고 긴 터널처럼 느껴진다면, 그때 이 책이 좋은 길잡이가 되었으면 해요. '내가 진짜 하고 싶은 일'을 찾는 과정은 결코 쉽지 않아요. 한참 전에 어른이 된 저 역시도 아직까지 찾는 중이거든요. 그래서 글을 쓰고 그림을 그리고 있고요. 이 책에 나오는 여러 치과의사들이 좋은 동기 부여가 됐으면 좋겠어요. 열악하고 갖춰진 것들이 전혀 없는 상황에서도 자기가 사랑하는 것에 온 열정을 불태웠던 이 책에 나오는 사람들의 모습들을 기억하며, 여러분도 꿈을 찾아 나가길 응원합니다!

쓸모 있는 공부 03

세상에서 가장 쓸모 있는 치의학

초판 1쇄 인쇄 2025년 8월 8일
초판 1쇄 발행 2025년 8월 20일

지은이 권수진

펴낸이 홍석
이사 홍성우
인문편집부장 박월
편집 박주혜 · 조준태
디자인 북다이브
마케팅 이송희 · 최은서
제작 홍보람
관리 최우리 · 정원경 · 조영행

펴낸곳 도서출판 풀빛 | **등록** 1979년 3월 6일 제2021-000055호
주소 07547 서울특별시 강서구 양천로 583 우림블루나인비즈니스센터 A동 21층 2110호
전화 02-363-5995(영업), 02-364-0844(편집) | **팩스** 070-4275-0445
홈페이지 www.pulbit.co.kr | **전자우편** inmun@pulbit.co.kr

ISBN 979-11-94636-50-2 44400
　　　979-11-6172-916-9 (세트)

이 책은 저작권법에 따라 보호받는 저작물이므로 무단 전재와 복제를 금지하며,
이 책의 전체 혹은 일부 내용을 인공지능 기술 교육을 목적으로 입력, 제공하거나 기타 방식
으로 사용하는 것을 금합니다.
이 책 내용의 전부 또는 일부를 이용하려면 반드시 저작권자와 도서출판 풀빛의 서면 동의
를 받아야 합니다.

※ 책값은 뒤표지에 표시되어 있습니다..
※ 파본이나 잘못된 책은 구입하신 곳에서 바꿔드립니다.